KB131617

이 책을 천국에 있는 우리의 소중한 반려동물들에게 바칩니다.
사랑스러운 아이들아 고마워.
믿을 수 없을 정도로 놀라운 너희들의 선물,
너희들의 끝없는 사랑에

펫로스

하늘나라에서 반려동물이 보낸 신호

Lyn Ragan 저 · 최경선 역

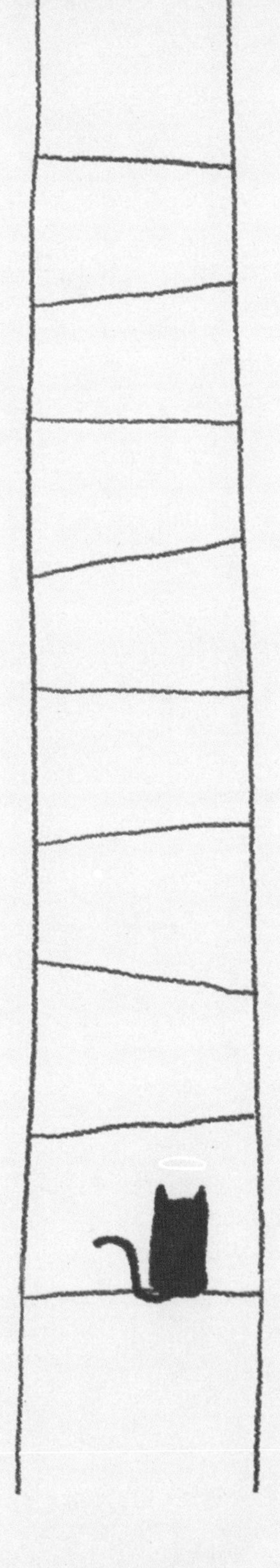

역자 서문

강아지를 처음 만났을 때 아무런 조건 없이 주는 사랑이 무엇인지를 배웠습니다. 오랜 세월이 흘러가면서 수많은 펫로스를 경험하며 떠나 버린 강아지의 마지막 순간을 떠올립니다. 호흡이 사라지며 두 눈을 감고 세상과 멀어져 가는 아이를 붙잡고 인공호흡을 하며 살려 보고자 했었습니다. 그러나 생명은 사람의 마음대로 할 수 없듯이 그렇게 나의 곁을 떠난 반려견들이 있습니다. 사람들은 펫로스의 아픔에 정신과, 수의학 전문가, 유명한 사람들을 언급하며 그들과 상담하고 해결하기를 바랐습니다. 하지만 세상의 아무리 유명한 사람들을 만나도 펫로스에 대한 문제만큼은 아무런 해답도 얻을 수 없었습니다. 그들은 학문적으로 지식적으로 정말 뛰어날지는 모르겠지만 펫로스의 경험을 정확히 이해하지 못하고 있었습니다. 정말 자식처럼 애지중지 키웠던 반려견들의 죽음에서 느끼는 감정과 고통을 이해하지 못했습니다. 가슴을 터놓고 이야기할 수가 없었습니다. 강아지를 좋아했기에 어릴 적에 수많은 반려견들을 키우며 강아지와 희로애락을 함께 했습니다. 그 경험으로 펫로스의 상실감은 지금도 가슴 깊은 곳에 너무나 깊은 상처로 쌓여 있습니다. 사랑하는 반려견의 마지막을 지켜보며 눈물을 흘렸습니다. 가슴이 미어지는 아픔에 두 눈이 충혈되고 하염없이 눈물이 흘렀습니다. 목 놓아 아무리 불러 보고 다시 인공호흡하며 살려 보려고 했지만 지긋이 감은 두 눈은 떠지지 않았고 아이의 몸은 점점 식어 갔습니다. 그렇게 우리는 이별했습니다.

펫로스의 아픔이 가슴에 인식되고 확인이 되는 순간 얼마나 슬프고 괴로웠는지 모릅니다. 지금도 떠난 반려견의 이름을 부르며 행복했던 순간을 추억합니다. 저는 이 책 '하늘나라에서 반려동물이 보낸 신호'를 번역하면서 저자가 펫로스를 대하는 모습을 지켜보았습니다. 그리고 공감하고 알게 된 부분들이 있습니다. 저는 펫로스의 해결책은 마음을 나누는 것이라고 생각합니다. 강아지를 정확하게 이해하고 저마다 다르게 키우는 반려견 품종별로 특성이 다르듯이 그 내용을 아는 사람들과의 소통이 필요합니다. 서로를 지지해 주고 격려해 줄 수 있는 것은 경험과 내용을 정확하게 알기 때문입니다. 어떠한 위로도 내용을 알고 마음을 나누는 것과 그렇지 않은 것은 엄청난 차이를 보이게 됩니다.

사실 저의 어머니는 너무나 사랑했던 반려견 하니를 잊지 못해서 지금도 강아지를 키우시지 못하고 있습니다. 어머니에게 하니의 이야기를 꺼내지도 못하면서 저는 강사모로 활동하고 있습니다. 왜냐하면 저 또한 반려견 하니를 떠나보내면서 너무나 슬펐으니까요. 신부전증 치료를 위해서 전국을 돌아다니고 용하다는 치료라는 것은 모두 해 보았지만 죽음은 막지 못했습니다. 지금도 여전히 펫로스의 아픔을 해결하지 못하고 마음을 나누지 못합니다. 그래서 저는 사랑하는 가족인 저의 어머니께 펫로스의 아픔을 함께 나누고 공감하고자 이렇게 번역을 하게 되었습니다. 또한, 지금도 강아지를 사랑하는 사람들이 너무나 가슴에 많은 상처를 입고 펫로스로 인해 떠나고 있습니다. 가끔식 저에게 이별을 전하는 사람들을 보면 너무나 가슴이 아픕니다. 그렇게 떠난 그들에게 펫로스의 아픔을 극복하고 다시 용기를 내고 행복해질 수 있는 글을 전하고자 이렇게 부족하지만 번역을 했습니다. 이 책이 출간된다면 제가 가장 격려해 주고 싶고 슬픔을 나누고 싶은 사랑하는 어머니에게 선물하고 싶습니다. 그리고 이 책을 통해 책이 누군가에게 펫로스를 이겨 낼 수 있는 경험을 제공하고 독자로 하여금 다시 행복한 삶을 살아갈 수 있는 길을 제시해 주고자 합니다. 마지막으로 펫로스로 아파하는 마음을 나누며 주위에 있는 보호자들과 함께 소통할 것입니다. 서로를 지지하고 격려해 주는 사회를 함께 만들어 갔으면 합니다. 그리고 펫로스로 지금도 아파하는 수많은 사람들에게 힘내라는 말을 꼭 하고 싶습니다. 앞으로 펫로스에 대해 여러분들과 소통하며 함께 아픔을 나누었으면 좋겠습니다. 고맙습니다.

서론

한 동물을 사랑해 보기 전까지, 그의 영혼의 일부는 잠들어 있다.

- 아나톨 프랑스

사람들은 흔히 세상을 떠난 반려동물들이 우리의 현재 위치를 알고, 우리를 찾을 수 있는지 묻곤 한다. 두 질문에 대한 답은 모두 '그렇다'이다. 우리가 사랑하던 세상을 떠난 사람들이 그렇듯이, 동물들의 영혼 또한 모든 것을 알고, 보고, 듣는다. 그들은 항상 우리 곁에 있지만 영혼이라는 다른 형태로 함께하는 것일 뿐이다.

우리 중 많은 사람들에게 반려동물은 자식 같은 존재가 되었고, 중요한 가족의 일원이 되었다. 그들은 우리에게 아무것도 요구하지 않지만 어떻게든 우리에게 '무조건적'이라고 표현될 수밖에 없는 사랑을 보여 준다.

반려동물 보호자의 관점으로서 사랑하는 반려동물을 떠나보내는 것은 직접 낳은 아이를 잃는 것과 다름없다고 할 수 있다. 보호자가 반려동물의 모든 것을 돌봐 주고, 반려동물은 보호자에게 모든 것을 의지하니, 때론 더 힘들기까지 하다.

덧붙여서, 우리 사회는 반려동물을 아이와 동등하게 바라보지 않는다. 그러므로 반려동물의 죽음은 아이가 죽었을 때 함께하는 연민과 공감이 똑같이 따라오지 않는다. 아이의 죽음과는 다르게, 반려동물의 죽음은 가족이나 친구로부터 아주 적은 도움을 받으며 상실의 슬픔을 이겨 내게 된다.

우리 반려동물들이 저세상으로 넘어갈 때에도 그들은 우리와 함께 나눈 사랑으로 연결되어 있다. **사랑**은 사람과 동물을 이어 주는 굉장히 강력한 힘이다. 반려동물들이 우리와 지구에 함께 있든, 다른 차원의 세계에 있든, 사랑의 힘은 절대로 파괴될 수 없다.

세상을 떠난 반려동물로부터 어떤 신호를 찾을 수 있을까? 이것은 많은 사람들이 스스로에게 하는 질문이다. 이 세상을 떠난 소중한 사람들과 마찬가지로, 반려동물 역시 신호와 메시지로 우리에게 소통할 수 있다.

동물들은 우리에게 물리적 신체를 갖고 있을 때처럼 소통한다. 다만 꿈, 신호, 상징, 물리적 또는 물리적이지 않은 접촉과 같이 다른 방법으로 소통할 뿐이다. 그들이 우리에게 소통하고자 하는 욕구는 저세상에 있는 우리의 소중한 사람들이 갖고 있는 욕구와 다를 바 없다.

저승의 반려동물과 사람들은 우리가 잘 지내는지, 안전한지, 행복한지 무척이나 알고 싶어한다. 의심할 여지없이, 그들은 우리가 사후세계에서도 얼마나 사랑받고 있는지 알고 있길 바란다.

당신의 반려동물의 영혼이 주는 선물을 인정하는 데 가장 중요한 것은 열린 사고, 그리고 더 열린 마음을 갖고 있는 것이다. 저세상에서 어떤 신호가 보내지는지에는 규칙이 따로 없다. 당신이 생각할 수 있는 것이라면 그들도 생각할 수 있다. 당신이 상상할 수 있는 것이라면 그들도 상상할 수 있다. 물리적 육체로부터 제약을 받지 않고, 여러 장소에서 동시에 나타날 수도 있다. 그들의 일부는 항상 우리와 함께하며 우리가 하고 말하는 모든 것들을 보고 들을 수 있다.

그들은 우리가 영적 깨달음에 한 발자국씩 가까워지며 저승에서의 삶에 대해 점차 배워 갈 때, 매우 기쁜 마음으로 그들이 저승에서 얻은 능력을 우리가 알아차리게끔 도와주려 한다. 예를 들어, 당신이 옆에 있는 나비가 반려동물의 변화를 상징한다는 것을 알아차렸다고 하자. 그리고 당신이 다시 한 번 관심을 보일 때, 그들이 나비 한 마리를 당신이 지나가는 길에 보낼 수 있다.

우리가 그들의 새로운 언어(영적 언어라고도 알려진 신호와 메시지)를 습득하는 것에 흥미를 갖기 시작하면 그들 또한 아주 신이 나 한다. 이 과정은 졸업식과 같다. 그들은 저승에서 우리를 가르치고, 우리는 이승에서 배우게 된다.

우리는 인간이기 때문에 때론 뺨을 때리는 것과 같이 큰 충격을 주는 신호가 필요하다. "이봐, 나 여기 있어!" 하고 큰 소리로 외치는 듯한 메시지 말이다. 그리고 그 메시지를 이해하지 못할 땐 사랑하는 반려동물 또는 사람들이 우리 곁을 영원히 떠나 버린 것이라고 믿기도 한다. 하지만 그것은 진실과 거리가 멀다.

저승의 반려동물들과 관계를 유지하는 것 또한 이승에서의 관계 유지와 마찬가지로 많은 노력과 헌신이 필요하다. 그리고 이 관계에서도 어느 한쪽(반려동물의 영혼)이 관계 유지에 필요한 모든 일을 도맡아 할 수 없다.

어느 관계와 마찬가지로, 관계의 양쪽, 영혼과 당신의 노력과 헌신이 모두 필요하다.

우리가 생각하는 법을 다시 배우는 것은 많은 노력과 연습이 필요하지만, 값을 매길 수 없을 정도로 귀한 보상을 받을 수 있다. 만약 당신이 한 번도 영혼이 보내는 경이롭고도 기이한, 기적과도 같은 신호와 시그널을 경험한 적이 없다면, 시도를 고려해 보기 바란다. 당신이 필요한 것은 깨어 있는 의식과 자각일 뿐이다.

당신의 충실한 반려동물이 보낸 메시지를 확인하는 것은 삶을 통째로 바꿔 놓을 수 있다. 보통 그들이 보내는 메시지는 미묘한 신호이지만 그 미묘한 신호조차도 강렬한 소통이 될 수 있다. 그들이 보낸 신호와 시그널 하나하나는 모두 중요하고, 지정된 각각의 수신자에게 특정목적을 갖고 보내진다.

저승의 영혼들은 때때로 우리에게 신호를 보내 깊은 슬픔 속에서 위안을 찾을 수 있도록 한다. 또 어쩔 땐 우리의 삶의 이정표가 되어 삶의 방향을 안내해 주기도 한다. 어느 때든지 간에, 소중한 영적 가족이 보내는 선물을 받아들이는 것은 우리의 신성한 권리이며, 사랑스런 반려동물 또한 우리의 영적 가족 중 하나이다.

그들의 신호를 받는 것은 누구든지 배울 수 있는 능력이다.

신호를 알아차리기 위해 초능력이나 영매술을 알아야 하는 것이 아니다. 우리 모두 갖고 태어나는 능력 중 하나이다. 우리에게 필요한 것은 약간의 믿음과 우리가 사랑하는 반려동물을 향한 깊은 신뢰일 뿐이다. 이미 그들을 전적으로 사랑하고 있는 상태에서 신뢰를 하는 것은 어렵지 않을 것이다.

그렇다면 어떠한 신호를 찾으면 될까? 신호를 알아차리는 데 가장 좋은 방법은 그것이 존재한다는 것을 의식하는 것이다. 매일같이 우리 주변에서 일어나는 이 작은 놀라움들을 관찰하는 데 해가 될 것은 없다. 예를 들어 당신이 차를 타고 출근길에 길 옆의 라쿤(미국 너구리)을 발견했다고 하자. 당신은 라쿤이 영적 메시지를 전달할 수 있다는 걸 알았는가?

라쿤은 우리에게 큰 그림을 보라고 상기시켜 준다. 보이는 것과

안 보이는 것 모두. 그뿐만 아니라, 라쿤이 갑자기 당신의 시선을 사로잡았다면, 이것은 저승의 반려동물이 '이건 나야. 나 바로 여기 당신과 함께 있어!' 하며 보내는 신호일 수도 있다.

상징적인 신호는 각각 매우 다르고 독특하기 때문에, 그것을 항상 쉽게 알아차리거나 바로 이해하긴 힘들 것이다. 새, 동물, 사람, 장소, 물건, 사건 등, **다양한** 형태로 나타나지만 사실은 이 모두 간단히 말해 전달자이다. 영적 전달자.

많은 이들이 저승의 신호를 사후세계의 증거로 본다. 하지만 무엇이 증거를 구성하는가? 저승의 증거는 굉장히 사적인 문제이다. 한 사람에겐 명백한 입증이 될 수 있는 것이, 다른 사람에게는 전혀 중요하지 않을 수 있다.

증거는 나 자신으로부터 찾아야만 한다.

증거가 나타나는 것은 갖고 있는 지식의 손에 달려 있다. 또한 지식은 우리 모두가 추구하는 것이다.

나는 내 머릿속 반려동물들과 함께 이 책을 쓰기로 결심했을 때, 우리가 사랑하는 이들(저승)이 보내는 신호가 반려동물들(저승)이 보내는 신호와 **완벽히** 똑같다는 사실을 제대로 인식해야만 했다. 내가 이 책에서 공유하고자 하는 정보는 전적으로 내가 받은 교육과 저승의 소중한 이들과 나눈 개인적인 경험을 기반으로 한다. 나는 이 책을 통해 당신이 내가 개인적인 사실로 받아들인 것들을 믿게끔 하는 것이 아니다. 오히려, 당신이 이 책을 통해 당신의 반려동물 영혼이 보내는 신호를 알아차리는 여정을 돕길 바라며 가능성을 공유하고자 한다.

저승에서 보내는 신호는 끊임없는 종류가 있고, 이 책에 명시되어 있는 몇 가지에 제한되지 않는다. 기록되어 있는 몇몇 신호는 그저 수천 명의 사람들이 즐기고, 알아차리고, 인정한 대중적인 신호일 뿐이다. 이러한 신호들은 자주 발견되고, 그만큼 자주 기록되었으며, 저승의 반려동물 또한 이 사실을 알고 있다. 그들은 우리의 관심을 끌 수만 있다면 어느 도구든지 사용할 것이다. 이 세상을 떠난 반려동물과의 관계가 지속적으로 이어지면서, 그들이 우리에게 보내는 신호의 형태는 우리가 점점 신호에 대해 배워감에 따라 달라질 것이다.

신호를 기다릴 때엔 너무 많은 것을 기대하지 않는 것이 중요하다. 신호는 각각 개인의 라이프 스타일에 따라 나타난다. 모든 상황에서 같은 의미를 나타내는 신호는 없고, 신호가 나타나는 데에는 **정해진 규칙이 없다.** 하지만 모든 메시지는 분명하고 직접적이게 전달된다. '사랑해' 라고. 또한, 어느 신호나 메시지도 당신을 겁먹게 하거나 잘못된 방향으로 인도하기 위해 나타나지 않는다. 두려움이란 감정의 하나일 뿐이란 사실을 명심해야만 한다.

우리가 두려워해야만 하는 것은 두려움 그 자체뿐이다.

- FDR (프랭클린 D. 루스벨트)

천국에 있는 반려동물들에게 감사를 표하는 것은 매우 중요하다. 그들이 보내 주는 신호나 메시지마다 감사해야 하며, 그 감사함을 말 또는 마음을 통해 표현해야만 한다. 우리의 사랑스런 반려동물들은 모든 것을 알고, 보고, 듣고있으므로, "고마워"라고 말하는 것은 우리가 가장 쉽게 할 수 있는 것 중 하나이다.

죽음이란 그저 이승에서 저승으로 이동하는 것뿐이다. 우리가 잃

는 것이라곤 물리적인 신체뿐이다. 우리의 성격과 이승에 남겨진 이들이 우리를 사랑하는 마음은 그대로 가지고 가게 된다. 우리는 영혼으로서 이승과 저승이 가진 최고의 장점들, 우리가 존재하는 차원과 영혼의 세계만 갖게 된다.

사랑하는 이들(사람과 반려동물)과 신호와 메시지를 주고받으며 그들을 붙잡고 있는 것은 아닐까? 절대 아니다! 우리 인간의 마음은 절대로 영혼을 붙잡아 둘 수 있는 힘이 없다. 영혼의 힘, 민첩함, 능력은 우리가 상상할 수 있는 **그 무엇보다도** 크다. 에너지 형태, 다시 말해 영혼은 여러 장소에 동시에 존재할 수 있다. 그들은 우리와 함께 있으면서, 동시에 일하거나 놀 수도 있고, 그들이 사랑하는 다른 존재를 방문할 수도 있다.

그러므로 우리는 **절대로** 그들을 붙잡아 두지 않는다.

그리고 마지막으로 가장 중요한 것은, 저승의 가족(사람과 반려동물)들은 그들이 잘 지내고 있다는 것을 우리가 알고 있기를 바란다. 그리고 그와 함께 우리가 잘 지내기를 바란다. 그들의 가장 큰 소원은 이승에 남은 그들의 가족과 친구들이 행복하고 즐거운 삶을 보내는 것이다.

육체적인 삶 이후로도 관계를 지속할 수 있다는 것을 아는 건, 굉장히 큰 축복이자 경이로운 선물이다. 모든 일에는 이유가 있어 일어난 것일 수도 있다. 하지만 때로는 관점의 변화가 우리가 잃은 것이 아니라, 얻은 것을 보여 주기도 한다.

차례

3장 천국에서 보낸 자연적 신호

4장 당신의 영혼을 위하여

제1장

반려동물의 영혼 감지하기

01,
침실 방문

> 실수나 우연이란 없다. 모든 사건은 우리가 성장할 수 있게 해 주는 축복이다.
>
> - 엘리자베스 퀴블러 로스

수많은 사람들이 사망한 반려동물의 존재를 느낌에도 불구하고, 좀처럼 이에 대해 이야기하는 사람은 없다. 사랑하는 이를 떠나보낸 뒤의 슬픔과 마찬가지로, 대부분의 사람들이 그것을 부정하는 것이 이야기를 나누는 것보다 편할 것이다. 현실과 사랑이 일치하지 않더라도 말이다.

사망한 반려동물의 존재를 느끼는 것은 영적 선물이다.

이 신성한 여정 중 다양한 환영과 모습이 나타날 수 있다. 어떤 이들은 미래에 일어날 일을 보고, 어떤 이들은 환청을 듣고, 또 어떤 이들은 빛이나 특정 형태로 나타난 신호를 볼 수 있다. 가장 흔하게 경험할 수 있는 저승의 반려동물과의 접촉은 바로 그 존재를 느끼는 것이다.

이 존재는 침실에서 특히나 많이 느껴진다.

혹시 침대에서 잠이 들거나, 잠에서 깰 때, 주변의 움직임이 느껴진 적이 있는가? 움직임이 느껴지자마자 누군지 또는 무엇인지 알아보기 위해 눈을 떴을 때, 아무것도 보이지 않아 궁금함과 갑작스러운 혼란에 빠졌을 것이다. 그리고는 '방금 그것을 내가 상상한 거야? 진짜로 반려동물이 침대로 올라오는 걸 느낀 거야?' 하고 생각했을 수 있다.

그들이 유령의 모습으로 나타나든, 꿈에서 나타나든, 어쩌면 아예 나타나지 않든, 항상 우리의 마음과 생각 속에서 계속해서 살고 있다. 하지만 몇몇의 경우, 그들은 시각, 청각, 후각, 촉각 그리고 물리적인 존재를 통해 계속해서 남아 있는다. 그리고 많은 사람들은 반려동물들이 우리와 함께 머무르고 있다는 것을 확실히 느낄 수 있다.

이들의 존재를 느끼는 것은 매우 흔히 발생되는 일이나, 거의 논의되고 있지 않다. 이를 경험한 많은 사람들이 미쳤거나 정신이상자로 보이는 것이 두려워, 남들에게 알리지 않고 보물처럼 간직하곤 한다.

사후세계의 존재를 느끼는 것은 예외적인 일이 아닌 일반적인 것이다. 연구 결과에 따르면 80퍼센트 이상의 사람들이 사랑하는 이 또는 반려동물이 세상을 떠난 지 한 달 안에 그들의 모습을 보았다고 한다. 그리고 그중 절반에 가까운 사람이 그들과 소통했다고 밝혔다.

저승의 반려동물이 침대 위로 점프하거나, 올라와 눕거나, 주변을 걷는 것을 느끼는 것은 생각보다 흔히 있는 일이다. 사람의 눈으로는 보이지 않지만, 침대 매트리스가 분명히 가라앉았다는 것은 확실히 느꼈을 것이다. 의심할 여지없이 그들의 무게는 살아 있을 때와 똑같이 느껴진다. 말리 또한 그녀의 강아지가 죽고 몇 시간 후 비슷한 경험을 했다.

내가 12살이었을 때, 나의 개, 캔디가 차에 치여 죽었다. 그녀는 우리 농장에서 살았고, 내 침실을 제외하고는 집 안에 들어오지 않았다.

그녀가 저세상으로 떠난 날 밤, 그녀는 내 방으로 들어와 뒷발로 선 자세로, 두 앞발을 내 침대 위에 올려놓았다. 나에게 자신은 잘 있다고, 그리고 강아지였을 때 자신을 데리고 와 그녀의 친구가 되어 주어 고맙다고 말했다. 그녀는 나에게 보고 싶을 것이라고 말한 뒤, 뒤를 돌아 내 방을 떠났다. 그 당시엔 꿈이었지만, 이 초자연적 현상에 더 몰두하면 할수록, 그녀가 정말로 나에게 감사함을 표하러 왔다는 것을 알 수 있었다. 정말로 대단한 순간이었다.

- 말리 B., 조지아 사바나에서

반려동물이 침대 위에서 우리 옆에 앉아 있거나 누워 있는 것을 느끼는 것은 정상적인 일이다. 우리들의 털복숭이 아가들은 실제로 우리와 물리적인 접촉 없이도 감각을 느끼게끔 하는 능력을 갖고 있다. 그러므로 우리는 침대 매트리스의 움직임을 감지할 수 있는 것이다.

많은 이들이 이러한 일들을 자신이 상상했거나 어떻게든 만들어 낸 일이라고 치부할 수 있다. 하지만 영혼이 근처에 있을 땐 다른 느낌과는 뚜렷이 구분되고, 확실히 알 수 있다. 그들의 영혼, 색이 있는 빛, 그들 형체의 윤곽을 보거나, 어쩌면 아무것도 보이지 않을 수도 있다. 하지만 당신이 모르는 존재를 포함하여, 많은 사랑을 받던 반려동물이 가까이 있다는 느낌은 대단히 현실적인 것이다.

나는 남편이 독감에 걸려 아파 손님방에서 자고 있었다. 그리고 갑자기 무언가가 침대 위 내 발 위로 뛰어올라 오는 것이 느껴졌을 때, 나는 깊은 수면 상태였다. 그것은 나를 잠에서 깨웠고, 그렇게 잠시 동안 누워 있다가 시계를 보았을 땐, 새벽 2시였다.

내 발 옆의 담요는 움직이기 시작했고, 그것은 마치 작은 발들이 그 주변을 걸어 다니는 것처럼 느껴졌다. 나는 담요가 무언가를 덮고 있다는 것을 느낄 수 있었다. 마치 고양이를 덮고 있을 때와 흡사했다. '느낌이 꼭 고양이 같네. 잠깐, 우린 고양이가 없는데' 라고 생각했다.

자리에서 일어나 화장실을 다녀온 뒤, 침대 위에 고양이가 없다는 것을 확인하고 다시 자리에 누웠다. 그리고 다시 한 번, 매우 작고 가벼운 무언가가 주변을 걸어 다니기 시작했다-내 발을 덮고 있던 발 위로. 나는 내가 깨어 있는 것을 확인하기 위해 나를 꼬집었다. 지금 무슨 일이 일어나는 것인가 굉장히 어리둥절하고 궁금했다.

몇 분 뒤, 그 고양이는 아늑한 자리를 찾기 위해 움직였다. 그리곤 마침내 내 발 옆에 웅크렸다. 나는 그냥 고양이가 나와 함께 침대에 있다는 사실을 받아들이는 수밖에 없었다.

- 리키 F., 플로리다 잭슨빌에서

우리 중 몇몇은 저승의 반려동물이 옆에 있을 때 닭살이 돋을 것이다. 영혼이 우리를 만졌을 때 실제 물리적 접촉처럼 느껴질 수 있다. 가끔 그들은 그들의 에너지를 우리 머리카락 사이로 빠르게 지나가게끔 하는 것을 즐기는데, 이것은 작은 벌레들이 머리 위를 기어 다니는 것처럼 느껴진다.

많은 이들은 귀가 울리는 것을 경험한다. 소통은 귀 또는 구두로 전해질 수 있지만, 모든 경험은 다를 수 있다는 점을 유의해야 한다. 각각 개인의 DNA가 다르듯이, 저승에서의 소통 또한 다를 수 있다.

어느 누구도 똑같은 경험을 하지는 않는다.

테레사의 경우가 좋은 예가 될 수 있다. 그녀는 그녀의 반려묘가

떠난 뒤, 집 가까이에 있는 것을 느낄 수 있었다.

16년하고도 반년동안, 펄볼과 함께 생활하면서 정말 사람을 행복하게 해 준 고양이였다. 그리고 그녀가 영원히 내 곁을 지키고 있을 것이라는 사실을 알아 매우 기쁘다. 나는 여전히 그녀가 아침에 내 침대 주변을 돌아다닌 것을 느낀다. 사랑이란 그녀를 애정 담뿍이 내 마음속에 둘 수 있게 해 주는 다리와 같다.

- 테레사 C., 앨버타 캘거리에서 (캐나다)

우리 반려동물들은 그들의 존재를 통해 물리적 죽음이 우리의 끝이 아니라는 것을 가르쳐 주고, 입증해 주려 한다. 그리고 재넷의 경험처럼, 우리 관계를 계속해서 이어 나가는 것이 가능하다고 가르쳐 준다. 그녀의 털복숭이 아가가 세상을 떠났을 때, 그녀는 그가 자신의 존재를 이렇게 인상적으로 알릴 줄 상상도 하지 못했다.

쿠퍼는 지난 7월 뇌종양으로 인해 안락사 시켜져야만 했다. 나는 충격을 헤어 나오지 못했고, 며칠 내내 울고 또 울었다. 그는 나의 영원한 동반자였고, 내가 자러 가야 할 시간이 되면 나에게 짖기도 했다.

어느 날 저녁, 나는 침대에 누워 그가 너무 보고 싶어 울며 그에게 "말하고" 있었다. 나는 침대 위로 뛰어올라 나를 향해 걸어오는 그의 존재를 느낄 수 있었다. 매트리스가 실제로 움직였다. 나는 그의 냄새를 맡았고, 곧바로 그가 나와 함께 있음을 알 수 있었다. 이 일은 나에게 말로 형용할 수 없는 평온을 주었다.

- 재넷 M., 인디애나 라파예트에서

우리 반려동물은 우리가 사랑하며 매우 소중히 여기는 마음이 그들과 함께 저세상으로 이어진다는 것을 알려 준다. 신호와 메시지와 그들의 존재를 감지하는 것을 통해, 그들은 우리를 향한 사랑이 계속된다는 것을 알려 준다. 헬렌에게 가장 예상치 못했던 순간, 그들의 사랑에 대한 완벽한 예시가 찾아왔다.

나의 잘생긴 로트와일러, 맥스는 오랫동안 행복하게 살았다. 그의 영혼은 항상 매우 기뻤으나, 16살이 된 그의 몸은 이에 따라 주지 못했다. 나는 그가 몹시도 보고 싶었지만, 저세상에서 건강하고 행복하게 지내고 있다는 사실을 알고 있었다. 그의 사랑은 삶보다 컸다. 그는 독보적이었다.

그가 세상을 떠나고 몇 주 뒤 한 오후, 나는 낮잠을 청하기로 했다. 맥스의 형제 트로이는 내 옆에서 재빨리 잠들었다. 30분쯤 후, 트로이가 침대에서 일어나 내 다리 위를 가로질러 바닥으로 뛰어내리는 것을 느낄 수 있었다. 나는 일어날 준비가 되지 않아 "트로이, 침대로 돌아와!" 하고 그에게 소리 질렀다.

나는 그가 목줄에 달린 이름표가 달랑거리며 침실을 떠나 복도로 향하는 소리를 들었다. 나는 눈을 감은 채로 다시 그에게 돌아오라고 소리쳤지만, 이미 완전히 깨어나 약간 짜증이 나 있었다. 내가 팔꿈치로 몸을 받쳐 일어났을 때, 트로이는 침대에서 고개를 들어 내가 정신이 나갔다는 듯이 쳐다보았다.

나는 일 분만에 트로이와 나 말고도 다른 누군가가 있다는 것을 깨달았다. 침대에서 뛰어내린 것은 트로이가 아니라 맥스였다. 그가 아직도 그의 형제와 나와 함께 침대에서 쉬고 있다는 것은 나에게 아주

멋진 위안이 되었다.

- 헬렌 B., 애리조나 투손에서

저승에서도 이어진 사랑을 보여 주는 또 다른 아름다운 예시가 있다. 주디는 세상을 떠난 그녀의 고양이들의 소리를 들었다.

에디는 2003년 세상을 떠났을 때 13살이었다. 그가 가장 좋아하던 장소는 침대 위, 우리 둘의 머리 사이였다. 그 사이에 편안히 누워 열심히 가르랑거리곤 했다. 우리는 그럴 때마다 그에게 "가르랑 자장가를 불러줘 에디"라고 말했다. 그가 세상을 떠나고, 나는 밤중에 그가 가르랑거리거나 크게 야옹거리며 우는 소리에 깨곤 했다. 집 안에 다른 고양이는 없었다. 나는 에디가 아직도 나와 함께 있다는 것을 알려 주려 한다는 것을 알았다.

에디가 떠나고 몇 달 뒤, 우리는 진저라는 새로운 고양이를 맞이했다. 진저는 우리가 애지중지하는 공주님이 되었다. 그리고 4년 뒤, 진저는 매우 아팠고, 우리는 그녀 또한 잃었다. 그녀가 세상을 떠나기 마지막 몇 달 동안, 나는 그녀의 안전을 위해 내 침대 옆 케이지에서 재웠다. 그녀는 케이지에 갇혀 있는 것에 질려 했고, 밤새도록 자물쇠를 잡아당겨 매우 큰 철커덕거리는 소음을 냈다. 진저가 세상을 떠난 후, 우리는 모든 것을 정리했다. 하지만 그 후 매일 밤, 진저가 침대 옆에서 자물쇠를 철커덕거리는 소리를 들었다. 철커덕 철커덕. 그녀의 존재가 매우 강하게 느껴졌다.

- 주디 S., 플로리다 올랜도에서

반려동물을 느끼고, 그들의 존재를 감지하는 것은 끝없는 사랑의 견고한 확인과 같다. 무한의 신성함으로만 평가할 수 있는 사랑이다.

02,

영혼의 사랑

> 모든 생물 속 영혼은 모두 똑같다. 각자 담긴 신체만이 다를 뿐이다.
>
> \- 히포크라테스

동물의 부드러운 발바닥이 당신의 어깨 위에 올라온 것을 느껴 확인 차 뒤를 돌아보았을 때, 아무것도 없었던 적이 있는가? 고양이가 당신의 다리에 비벼 대며 지나가는 것을 느껴 아래를 내려다보았을 때, 아무것도 보이지 않았던 적이 있는가?

이것은 당신이 만들어 낸 일도 아니고, 당신은 미치지도 않았다. 우리는 사망한 반려동물의 존재가 우리와 함께할 때, 각자 다른 독특한 감각을 경험한다. 그들이 세상을 떠난 뒤, 다리를 스치거나, 손을 밀치거나, 부드럽게 만지거나, 집 안에서 걷거나 뛰는 소리가 들리거나, 그들의 에너지가 우리 머리카락 사이를 지나 머리끝이 얼얼해지는 경험을 하는 것은 꽤나 평범한 현상이다.

사람들은 자신의 죽은 반려동물의 존재를 감지할 때 매우 안락하고 평온해진다. 많은 이들의 경우, 바로 이 이유 때문에 느껴지던 존재가 사라진다. 기분이 너무 좋기 때문이다. 또 다른 이들은 그들의 존재보다는, 기이한 현상에 대한 두려움으로 인해 반려동물과 자신의 연결을 찾지 못하거나, 끊어지거나, 잘못 해석되기도 한다.

반려동물이 세상을 떠난 직후 그들의 영혼의 관심 또는 보살핌을 느끼는 것은 매우 흔한 일이다. 많은 이들이 사실 그들이 사망한 오랜 시간 후에도 계속해서 방문한다는 것을 알지 못한다. 몇 년이 지나도록 말이다. 그들은 여러가지 형태로 자신들이 계속해서 삶을 이어 가고 있다는 것을 보여 준다. 그리고 그들이 아직도 우리와 함께 있다는 것을 감지시켜 우리 사이가 얼마나 가까운지 상기시킨다.

그들의 가장 큰 소원은 사랑하는 이 또는 반려동물을 떠나보낸 뒤 상실감에 사로잡힌 당신을 위로하고, 세상에서 가장 귀중한 지식을 당신에게 헌정하는 것이다. 바로 삶이란 죽음에서 멈추지 않고 계속되는 것이며, 사랑은 영원하다는 것이다. 레지나는 이 사실을 아주 값진 경험 뒤 어렵게 알게 되었다.

나의 사랑하는 15살 요크셔테리어 앤디는 2년 전 폐 합병증으로 인해 세상을 떠났다. 그리고 그 후 4달 뒤, 남편 또한 세상을 떠나게 되었다. 그 당시 13살이었던 나의 치와와 코코가 없었더라면 내가 무슨 일을 저질렀을지 모르겠다.

어느 한 오후, 코코를 잃어버린 줄 알았던 나는 코코를 찾아다니러 한 시간의 사투 끝에 거의 실성을 하기 시작했다. 부엌에 서서 울고 있는데 앞문이 열렸다 닫히는 소리가 들렸다. 벽 모퉁이를 거쳐 쳐다보니 아무도 없었다. 그리고 갑자기 희미하게 목줄의 금속 부분에 부딪혀 달랑거리는 이름표 소리가 들려왔다. 소리는 앤디의 목줄 소리와 똑같았고, 순간 무언가가 내 다리를 쓸고 지나가는 느낌이 들었다. 그리곤 아침 식사실(부엌에 붙어 있는 간편한 식사를 할 수 있는 공간)로 작은 발로 톡톡 걸어오는 소리가 들려 매우 놀란 상태로 소리가 이끄는

대로 가니, 내가 개 사료와 간식을 두는 벽장 앞에 다다랐다. 옷장의 미닫이문에 다가가자 희미하게 짖는 소리가 들렸고, 나는 곧바로 나의 사랑스런 앤디의 소리라는 것을 알아차렸다. 내가 문을 열자 바로 그곳에 코코가 있었다.

내가 그녀를 찾으며 비명을 지르고 미친듯이 코코를 불렀을 때에도 그녀는 아무 소리도 내지 않았었다. 나는 벽장 속 그녀를 보며 이토록 기뻤던 적이 없었다. 앤디가 저승에서도 보여 준 사랑과 지지는 솔직히 말해 나도 설명하기가 힘들다.

- 레지나 B., 버지니아 쉘비에서

우리가 바로 반려동물의 천국이다. 그들의 물리적 육체가 더 이상 존재하지 않다고 하여 우리를 향한 그들의 사랑이 줄어드는 것은 아니다. 우리는 저승에서도 사랑받고 있으며, 그 사랑은 언제나 지속될 것이다.

03,

똑, 똑, 똑

자신의 한계(안락지대, comfort zone) 밖을 모험해라. 그만 한 가치가 보상될 것이다.

- 라푼젤

어떤 징후는 좀처럼 무시할 수가 없다. TV를 보거나, 통화를 하고 있는데 갑자기 부엌 조리대를 두드리는 소리가 들린 적이 있는가?

어쩌면 당신의 개가 소리가 나는 쪽으로 신나게 짖으며 달려갔는데 당신이 도착했을 땐 소리가 날 만한 원인을 찾지 못했던 적이 있는가? 이쯤 되면 머리를 긁적이는 것 말고는 할 수 있는 게 없다. 적어도 같은 소리가 두 번 어쩌면 세 번까지 반복해서 날 때까지는. 한 가지 당신이 확실한 것은, 당신뿐 아니라 모두들 그 소리를 분명히 동시에 들었다는 것이다.

소파나 침대에 누워 잠이 들려고 할 때, 갑자기 벽이나 문, 아니면 창문에서 뚜렷한 노크 소리가 세 번 나는 것을 들은 적이 있는가? 그리고 이런 일이 한 번 이상 일어난 적이 있는가?

노크 소리의 합리적인 원인을 찾으려 하다 이 소리가 특정 시간대에 들린다는 것을 알아차렸을지도 모른다. 그리고 이 시간이 당신에게 특별한 의미가 있을 수도 있다. 어쩌면 당신의 반려동물이 숨을 거둔 시간일 수도 있지만, 모든 경우가 이런 것만은 아니다.

한 가지 확실한 것은, 노크 소리는 컸고, 분명했으며, 소리가 났다는 사실을 당신이 분명히 알고 있다는 것이다. 이런 종류의 신호를 받고, 또 받다 보면, 당신의 믿음직한 동반자가 큰 메시지를 보내고 있다는 것을 이해하기 시작할 것이다. 당신을 다르게 납득시킬 수 있는 사람은 아무도 없을 것이다. 그리고 이 큰 소리는 아마도 꽤 오랜 시간 동안 지속될 것이다. 특히 당신이 이 독특한 신호를 소중히 여긴다는 것을 저승의 반려동물이 이해하고 난 다음부터는 말이다.

당신이 사랑하는 반려동물은 자신이 아직도 우리 삶의 일부라는 것을 알려 주는 것에 매우 열을 올리거나, 그렇지 않다면 굉장히 신이 나 한다. 저승에서 보낸 상징적인 메시지, 신호, 우연의 일치, 또는 동시다발적인 사건을 받아들이는 것은 큰 위로인 동시에 축복이다.

몇몇의 사람들은 자신의 반려동물들이 주변에서 자신들을 돌보고 있다는 것을 느끼는 반면, 많은 이들이 이러한 인식을 받아들이기 매우 어려워한다. 대부분 자신들이 느낀 것이 자신들이 생각한 것과 일치하는 것이라고 확신하지 못한다. 이것이 저승에서 보내온 메시지 전체에 의구심을 들게 하며, 상상 속에서 꾸며진 일로 점차 잊혀지게 만든다. 페니는 이러한 일이 여러 번 발생하고 나서야, 그녀의 메시지를 이해하기 시작했다.

나의 골든 리트리버 폴리는 내가 꿈꾸던 강아지였다. 그녀가 10살 때 갑작스레 찾아온 죽음은, 나를 비탄에 빠트렸다. 그녀가 이 세상을 떠난 다음 날, 나는 다른 반려견 세 마리와 함께 꼭 끌어안고 소파에 앉아 TV를 보고 있었다. 몇 분이 지났을까, 갑자기 현관에서 누군가가 세 번 노크하는 소리가 매우 크게 들렸다. 개들은 소파에서 벌떡 일어나, 시끄럽게 짖기 시작했다. 내가 현관에 갔을 땐 아무도 없었다. 나는 똑같은 일이 다음 날, 그리고 또 다음 날 일어날 때까지 도대체 무슨 일이 일어나고 있는 것인지 알 수 없었다. 우리의 사랑스런 폴리는 우리에게 자신이 다른 형태로 존재를 이어 나가는 것일 뿐이지, 아직도 우리 가족의 일부라는 것을 말해 주고 있었다. 이 사실을 알게 된 것은 아주 멋진 선물과도 같았다.

- 페니 W., 미시시피 에델에서

사랑이 언제나 저승에서 보낸 조용한 속삭임은 아니다. 때론 매우 큰 소리로 울려 퍼질 수 있으며, 굉장히 잊을 수 없게끔 하기도 한다.

04,

움직이는 사물들

> 다이아몬드가 여자의 가장 친한 친구라고 말한
> 사람은 개를 한 번도 키워 보지 못한 사람이다.
>
> - 작가 미상

사물을 움직이는 저승의 소통 방법은 관심을 끌기 가장 어려운 이들에게 흔히 사용되는 방법이다. 우리는 무언가가 바뀌었거나, 움직였거나, 자리가 달라졌다는 사실이 명백할 때에도 저승의 반려동물이 '나 여기 있어'라고 보내는 신호의 놀라운 의미를 찾지 못할 때가 있다.

당신이 언제나 항상 열쇠를 보관하는 그 장소에 열쇠를 가지러 갔을 때, 열쇠가 없었던 적이 있는가? 당신은 열쇠를 몇 분 또는 며칠간 찾아 헤매다 뜻밖에도 파티오에 있는 화분에서 찾는다. 그리곤 자신에게 묻는다. "무슨 일이 일어난 거지? 이게 어떻게 여기에 있는 거야? 내가 무의식적으로 화분에 넣어뒀다가 기억을 못한 건가?" 열쇠를 화분에 넣어 둔 것은 당신이 아니다. 당신의 사랑스런 반려동물이다.

그들은 당신의 관심을 원했고, 이제 당신의 관심을 받고 있다.

사랑스런 저승의 반려동물들은 때때로 우리의 관심을 사로잡기 위해 사물을 움직인다. 우리에게 또는 반려동물에게 의미가 있었던 사물을 전략적으로 다른 위치에 놓아 그것들을 찾고, 궁금증을 자아내게끔 한다.

흔히 사용되는 물건들은 장난감, 뼈다귀, 리본, 사진, 열쇠, 안경, 보석, 돈, 카드, 잡지, 리모컨 그리고 종이 제품들이 있다. 어떤 물건이든지 간에, 우리가 언젠가는 잃어버렸다는 사실을 알아챌 수 있다면, 그것이 정확히 우리 반려동물이 고를 만한 물건이다. 관심 끌기의 완벽한 예시가 되어 주는 다이앤의 고양이 이야기를 한 번 들어 보자.

앰버가 세상을 떠난 지 세 달 뒤, 눈이 전혀 오지 않는 2012년 12월의 겨울이었다. 크리스마스를 며칠 앞두고, 나는 내가 외출 시 항상 입던 자켓을 옷장에서 꺼내 와 차고로 가 클리넥스(화장지)를 가져왔다. 나는 그녀가 묻힌 헛간 뒤 묘지로 가려는 중이었고, 내가 눈물을 흘릴 걸 알았다.

나는 클리넥스를 넣어 두려 주머니에 손을 넣었고, 주머니 속이 굉장히 차갑고 젖어 있다는 것을 알아챘다. 그리곤 주머니에서 얼음 한 움큼을 꺼냈다. 그것은 평범한 얼음이 아니었다. 마치 누군가가 눈 뭉치를 만들어 내 주머니에 넣었다가 꺼낸 것만 같은 모양이었다. 남은 눈 뭉치 부스러기가 모두 내 손 위에 있었다. 내 눈앞에 선명히 보이는 눈 뭉치 부스러기를 보며 외쳤다. "이게 도대체 뭐람!"

나는 얼음을 차고의 싱크대에 빼놓고 앰버의 묘지가 있는 밖으로 향했다. 묘지에 다다랐을 때, 나는 깨달았다. 나는 방금 전 그녀에게 아직 내 곁에 있다는 신호를 보내 달라고 했고, 그 신호가 바로 여기 있었다. 나는 차고로 달려갔지만 이미 얼음은 녹아 있었다. 주머니는 여전히 젖어 있었지만, 더 이상 얼음은 남아 있지 않았다. 나는 주머니

속 클리넥스를 꺼내 안전한 곳에 보관하여 내 곁에 있는 그녀의 존재를 기억하기로 했다. 나의 소중한 고양이, 앰버가 나에게 남겨 준 아름다운 선물이었다. 그녀가 너무나도 보고 싶다.

- 다이앤 B., 뉴욕 마세돈에서

어쩌면 당신에겐 자꾸만 쓰러지는 세상을 떠난 반려동물의 사진이 담긴 액자가 있을지도 모른다. 또는 그들의 장난감 중, 치우고 또 치워도 계속해서 나타나는 장난감이 있을지도 모른다. 당신이 정말 이미 쓰레기통에 버린 포장지를 다시 탁자 위에 올려 둔 것일까? 당신은 언제부터 컴퓨터나 노트북의 마우스를 꺼 놓기 시작했는가?

당신의 반려동물이 이승에서 당신과 놀기 좋아했다면, 저승에서도 마찬가지일 확률이 크다. 우리의 물리적 신체는 이 세상을 떠날 때 우리와 함께하지 못하지만, 성격만큼은 아니다. 육체가 죽어서도 성격은 살아남는다는 것을 보여 주는 완벽한 예시를 베티의 이야기가 보여 준다. 그녀의 고양이는 그녀와 함께 노는 것을 좋아한다.

트립은 봄베이 고양이이자, 진정한 천사였다. 우리는 정말로 놀라운 18년을 함께 보냈다. 그는 그냥 고양이가 아니었다. 그는 나의 가장 친한 친구이자, 내가 본 고양이 중 가장 똑똑한 고양이었다.

그가 세상을 떠나고 일주일 후, 내 물건들이 내가 마지막으로 물건을 두었다고 장담할 수 있는 곳이 아닌 다른 곳에 놓여져 있다는 것을 알아차리기 시작했다. 열쇠, 안경, 펜, 전화기 같은 것들이 옮겨져 있었다. 정말이지 나는 내가 정신을 놓기 시작한다고 생각했다.

어느 날 오후, 내가 책을 읽고 있었을 때, 내 시야의 한 구석에서 트립이 갖고 놀던 공이 방을 가로질러 굴러와 내 발 밑에 멈췄다. 처음에 나는 잔뜩 겁에 질렸지만, 곧바로 깨달았다. 내가 정신을 놓기 시작한 것이 아니라, 트립이 나에게 자신이 떠나지 않았음을 보여 주는 행동이었다는 것을 말이다. 이렇게 아름다운 존재가 계속해서 자신의 사랑과 귀여운 장난질을 나에게 보여 준다는 게 얼마나 큰 행운인가!

- 베티 B., 플로리다 잭슨빌에서

저승의 반려동물이 당신의 관심을 원할 땐, 자신의 소통 방법을 숙달하기 위해 최선을 다할 것이다. 당신이 알아듣기까지 여러 번 반복해야 할지라도 말이다. 린다의 퍼그는 반복된 소통의 완벽한 예를 보여 준다. 그녀는 린다의 관심을 끌기 위해 특히나 더 노력해야만 했다.

루시는 그녀가 만난 모든 이들의 사랑을 받았다. 어떤 사람도 그녀에겐 낯선 이가 아니었으며, 그것이 그녀를 매우 특별하게 만들었다. 그녀가 이 세상을 떠났을 땐, 마치 내 심장이 찢어지는 것만 같았다. 그녀는 나에게 그저 단순한 개가 아니라, 나의 자식이었고, 나는 그녀가 무척이나 보고 싶었다.

루시는 장난감이 엄청나게 많아, 그 양이 웃을 수 있는 정도가 아니었다. 하지만 그녀는 그 많은 장난감을 골고루 모두 가지고 놀았다. 그녀의 장난감 상자는 거실에 있었고, 나는 그 상자를 차마 치울 수가 없었다. 그녀가 세상을 떠나고 이틀 뒤, 그녀의 장난감 중 하나를 소파 위에서 찾았다. 나는 그저 남편이나 딸이 장난감을 올려 둔 줄 알고, 별 생각을 하지 않았다. 나는 그저 루시가 함께하면 좋겠다는 생각을 하며 장난감을 상자에 다시 넣어 두었다.

나는 저녁 준비를 하러 부엌에 들어갔고, 그녀의 또 다른 장난감이 내 앞, 부엌 바닥에 놓여 있는 것을 발견했다. 이번에는 장난감이 왜 그곳에 있는지 의문이 들었다. 나는 집에 혼자 있었고, 다른 누군가가 그녀의 장난감을 그곳에 둘 수 있는 방법은 절대로 없었다. 내가 바닥에 눈물을 흘리며 장난감을 줍기 위해 허리를 숙였을 때, 무언가가 거실을 난입하는 소리가 들렸다.

나는 눈물을 닦고, 거실에서 난 소리가 무엇인지 확인하기 위해 움직였다. 루시의 사진이 거실 카펫 위에 놓여져 있는 것을 발견했을 때, 내가 얼마나 놀랐는지 상상해 보라. 어안이 벙벙했다. 그녀가 여기에 있었고, 그 순간에도 함께하고 있다는 사실을 의심할 여지가 없었다. 사랑은 정말로 영원히 존재한다. 나는 그렇게 믿는다.

- 린다 W., 앨라배마 헌츠빌에서

움직이는 사물들이 잡음을 일으킬 수 있다는 사실을 잊지 말자. 때때로 그것은 우리를 깜짝 놀라게 하지만, 그럴 의도로 잡음이 일어나는 것은 아니다. 그저 우리의 의식을 깨우기 위한 것일 뿐이다.

05,

천국에서 보낸 페니(1센트 동전)

페니(1센트) | **니켈**(5센트) | **다임**(10센트) | **쿼터**(25센트)

동물이 우리에게 배운 것보다, 우리가 동물에게
배울 점이 더 많다.

- 안소니 더글라스 윌리엄스

'천사가 당신을 그리워할 때, 천국에서 페니를 던진다'라는 속담이 있다. 하지만 슬프게도 현실은 많은 이들이 보지도, 경험해 보지 못한 일이다.

영혼은 우리 또는 그들에게 의미 있는 무언가를 우리가 지나가는 길에 계속해서 보낸다. 그 첫번째 동전을 알아보고, 또 본능적으로 우리의 사랑하는 동반자가 그 동전을 보냈다는 것을 알게 되면, 모든 것이 변한다. 그들은 계속해서 페니(또는 그들에게 상응하는 다른 동전)를 모든 곳에 놓을 것이고, 그러므로 우리는 더더욱 그들이 보낸 동전들을 놓칠 수가 없다. 그들은 왜 이러한 행동을 하는 것일까?

우리가 그들이 보낸 동전에서 많은 행복과 사랑을 찾는 만큼, 그들도 행복과 사랑을 얻기 때문이다. 더 이상 그들이 엉성한 입맞춤이나 부드러운 야옹 소리를 보내지 못해도, 동전이 그들이 소통하고자 하는 신호이며, 무조건적 사랑을 연결해 주는 끈이라는 것을 우리가 알아볼 수 있다. 그리고 그들도, 우리가 알아볼 수 있다는 것을 안다.

영적 신호는 지극히 개인적이며 우리 개개인을 위해 특별히 맞춤 제작되었다. 이 메시지들은 얼마나 작고 보잘것없이 보이는가와는 상관 없이, 항상 진실된 의미를 담고 있을 것이다. 우리 개개인에게 보내진 신호이며, 남들의 눈이나 마음을 위해 보내진 신호가 아니다. 도로시가 받은 선물은 개별화된 신호의 예가 되어 준다. 그녀는 신호를 받고 있다는 것은 알았지만, 누가 그녀에게 보내는 신호인지 알아차리기까지는 몇 시간이 걸렸다.

6월 6일, 나는 몇몇의 멋진 친구들과 함께 저녁을 먹으러 나갔다. 웨이트리스가 계산서를 가져다주기 위해 나에게 다가왔을 때, 반짝반짝 빛이 나는 쿼터(25센트 동전)가 갑자기 어디선가 튀어나왔다. 곧바로 나는 빌리 삼촌을 떠올렸다. 그는 매우 친절한 사람이었고, 항상 아이들에게 나눠 주기 위해 빛이 나는 쿼터로 주머니를 가득 채워 다녔다.

같은 순간, 한 친구가 시간을 이야기했다. 오후 4시 44분이었다. 나는 이 또한 신호임을 알고 있었지만, 신호의 뜻을 알 수 없었다. 우리는 조금 더 이야기를 나누다가 자리를 일어설 때, 한 친구가 쿼터에 쓰여 있는 연도가 어떻게 되냐고 물었다. 1998년이었다. 그땐 그 연도가 무슨 뜻을 의미하는지 전혀 알 수가 없었다.

4시간 후, 남편에게서 전화가 왔다. 나의 소중한 포메라니안, 캐일라가 세상을 떠났다는 전화였다. 나는 비탄에 빠졌다. 그녀가 길고 행복한 삶을 살았다는 것은 알았지만, 마음을 추스를 수가 없어 울었다. 캐일라는 기쁠 때에도 슬플 때에도 나와 함께였다. 그녀는 나를 지탱해 주는 바위와 같았다.

나는 캐일라의 신호를 친구들과 함께 목격한 사실이 감사하다. 빌리 삼촌과 빛나는 쿼터를 신호로, 그녀는 자신이 잘 지내고 있다는 사실을 알려 주었다. 1998년은 그녀가 태어난 연도이다.

4시 44분이라는 시간을 통해, 그녀는 나에게 두려워할 것은 아무것도 없다고 말해 주었다. 모든 것은 뜻대로 되었고, 잘되었다. 그녀의 기운이 나의 주변을 감싸고 있고, 그녀가 나를 사랑하고 지지하고 있다는 것을 알려 주었다.

그녀의 물리적 신체는 사라졌지만, 그녀는 영원히 내 곁을 함께할 것이다. 그리고 나 또한 나의 아기를 영원히 잊지 않을 것이다. 캐일라, 고이 평화롭게 잠들으렴. 너를 너무나도 사랑한단다.

- 도로시 리, 조지아 캔턴

동전은 만들어진 연도가 적혀 있기 때문에 엄청난 의미를 담고 있을 수 있다. 반려동물이 태어난 연도일 수도 있고, 어떤 특별한 날이나, 기념일을 뜻하는 것일 수도 있다. 또 다른 완벽한 페니 찾기의 예시는 낸시가 그녀의 복서에게서 신호를 받았을 때이다.

레바가 세상을 떠났을 때, 나는 숨 막힐 정도로 비탄에 빠져 있었다. 그녀와 함께한 훌륭한 시간은 12년으로 충분하지 않았다. 나는 매일같이 울었다. 레바는 그저 반려견이나 동반자가 아닌 나의 자식이었다.

그녀의 유골을 돌려받은 날, 나는 그녀가 자던 자리였던 내 옆 베개 위에 유골을 올려놓았다. 그녀가 세상을 떠나고, 처음으로 내가 잠이 든 밤이었다. 그리고 다음 날, 나는 그녀가 낮에 시간을 보내던 거실로 유골함을 옮기기 위해 자리로 갔다. 아주 놀랍게도, 그녀의 유골함 위에는 눈부시게 반짝이는 페니가 올려져 있었다. 나는 자리에 서서 충격에 빠졌다.

나는 나이가 많고, 혼자 살고 있기 때문에 도대체 누가 동전을 그곳에 놓았는지 알 수 없었다. 레바가 올려놓았다는 것 말고는 달리 설명할 방법이 없었다. 그것을 깨닫자마자 울음을 터뜨렸다. 내 아이가 보낸 정말 아름다운 선물이었다. 그녀는 그것으로 멈추지 않았다. 나는 항상 페니를 찾는다. 그녀는 그녀가 나를 얼마나 사랑하는지 일깨워 주는 것을 매우 즐긴다. 그리고 그때마다 항상 나도 얼마나 그녀를 사랑하는지 말해 준다.

- 낸시 S., 캘리포니아 파라다이스에서

페니든, 니켈든, 다임든, 쿼터든 상관없다. 모든 동전은 저승의 반려동물에게서 오는 신호가 될 수 있다. 또한, 당신의 천사 또는 영적 수호자에게서 오는 소통의 수단이 될 수도 있다.

동전은 때때로 우리가 전혀 예상치 못했던 장소(냉장고 선반 위에 라든가) 또는 전혀 생각치도 못했던 순간(벤치에 앉아있는 당신 옆에라든가)에 찾아온다. 레이첼에게 이 일이 일어났을 때, 그녀는 믿을 수가 없었다. 그녀는 천국에 있는 그녀의 래브라도와 소통이 가능하다는 것을 전혀 몰랐다.

호프는 정말로 흔치 않은 아이였다. 복종과 회수 훈련이 매우 잘된 정말 똑똑한 개였다. 그녀가 치료견 자격증을 막 받은 때였고, 우리는 그녀의 재능이 도움이 필요한 아이들에게 행복을 가져다줄 거라는 게 정말로 신이 났다. 슬프게도 우리는 자동차 사고를 당했고, 그녀는 사

고 부상에서 살아남지 못했다.

호프와 함께였던 내 삶은 충만했고, 그녀의 죽음과 함께 모든 것이 급정지됐다. 나는 그녀가 그리웠지만, 그보다 그녀와 함께였던 나, 우리가 그리웠다. 우리는 한 팀이었다. 미친 소리처럼 들릴 수 있겠지만, 나는 단 한 번도 그녀의 죽음을 생각해 본 적이 없었다. 나는 깊은 어둠의 비탄의 고통 속에서 빠져나올 수 없었다.

그녀가 떠나고 일주일 후쯤, 나는 부엌에서 점심을 만들고 있었다. 내가 빵 한 덩어리를 집었을 때, 다임이 바닥에 떨어졌다. 나는 동전을 주우려 허리를 구부렸고, 그 동전이 어디서 온 건지 도대체 감을 잡지 못했다. 조리대 위에 동전을 올려놓고 점심을 마저 만들었다. 냉장고를 열고 마요네즈를 꺼냈을 때, 또 다른 다임이 바닥에 떨어졌다. 나는 확인을 위해 재빨리 돌아 조리대 위를 보았고, 첫번째 다임은 그 자리에 있었다. 두번째 동전을 주워 아까보다는 더 큰 호기심과 함께 응시하였다.

현재 나는 다임으로 가득 찬 병이 있다. 그것들은 떨어지거나 굴러오는데 항상 내가 필요한 정확한 때에 나타난다. 호프는… 무어라 말할까? 나는 항상 그녀가 매우 특별하다는 걸 알았다.

- 레이첼 G., 콜로라도 덴버에서

우리가 신호를 어디에서 받든지 간에, 메시지는 항상 분명하다. 우리의 사랑스런 반려동물들이 특별한 메시지를 보내는 것이다. "나는 항상 네 곁에 있어. 걱정하지 않아도 돼. 너는 절대로 혼자가 아니니까."

06,

자동차 번호판, 표지판, 광고판

내가 내 개의 반이라도 따라갈 수 있었다면, 나는
지금의 두 배는 인간적이었을 것이다.

- 찰스 유

자동차 번호판 위의 메시지나 이름, 또는 일련의 숫자는 직접적이고도 굉장히 개인적인 신호가 될 수 있다. 예를 들어 당신이 차 안에서 사랑하는 이를 추억하고 있을 때 빨간불이 들어와 차를 정지한다. 그리고 앞에 세워져 있는 자동차 번호판을 쳐다보니 이렇게 적혀 있다. '나는 찰리를 사랑해.'

당신은 깜짝 놀라 한동안 자리에 앉아 자신에게 질문을 던진다. "저게 신호가 될 수 있을까?" 당신은 이미 이것이 신호라는 것을 알고 있고, 이제 그저 믿기만 하면 된다. 당신의 헌신적인 반려동물이 올바른 시간에, 올바른 장소에 당신을 배치해 두었다. 하지만 **믿음**을 갖기란 어려운 일이 될 수 있다.

동시성은 우리 삶에 큰 역할을 맡고 있다. 반려동물들은 우리 눈 바로 앞에 동시에 여러 현상을 일으킬 수 있다. 그들에겐 쉬운 일이고, 우리의 관심을 끄는 데 효과적이다. 동시에 발생하는 메시지의 훌륭한 예를 드니스의 이야기에서 알 수 있다. 그녀는 첫번째 신호를 받았을 때 의심을 했다. 하지만 두번째 신호는 그녀의 생각을 완전히 바뀌 버렸다.

어느 맑고 화창한 날, 나는 나의 누이(언니 또는 여동생)과 함께 조지아의 베들레헴에 있는 반려동물 묘지에 갔다. 도시의 이름이 우리의 마음을 끌었다. 구불구불한 길을 따라가니 "찰스 플레이스(장소)"를 지나게 됐다. 나는 곧바로 찰리를 떠올렸지만, 그건 분명히 그가 보낸 신호가 아닐 거라고 생각했다. 찰리는 내가 처음으로 키운 개이자 말 그대로 내 조수였다. 그는 그냥 치와와가 아닌 반 인간이었다. 한 시간 후 우리는 마땅한 곳이 나타나면 저녁을 먹기로 했다. 그리고 그 말을 하자마자 "찰리네 레스토랑"이라고 쓰여 있는 광고판이 나타났다. 의심할 여지없이, 나는 찰리가 보낸 신호라는 것을 알 수 있었다. 나는 이제 신호를 찾는 법을 배웠다. 그가 아직도 나를 이렇게 사랑하고 있다는 점이 너무 좋다.

- 드니스 O., 조지아 일라제이에서

저승의 반려동물들은 우연성을 이용해 우리를 꼭 필요한 곳에 배치시킨다. 그저 할 일을 하며 운전을 하다가 우연히 큰 광고판을 볼 수 있다. 우리의 눈은 단어와 단어 사이를 뛰어넘어 '사랑해 줘서 고마워'라는 단어들이 보인다. 어쩌면 '놀랐지! 바로 나야!'라고 말할지도 모른다.

놀랍게도 우리는 저승에서 메시지를 받은 것이다. 물론 수천 명의 다른 사람들도 같은 광고판을 보지만, 그들 중 아무도 우리가 받은 그 메시지를 똑같이 받진 않았다. 왜냐고? 왜냐하면 우리는 백 번도 넘게 그 길을 운전해서 지나갔지만 단 한 번도 그 광고판을 본 적이 없

기 때문이다. 우리의 생각은 항상 일, 삶, 관계, 자식들 또는 다른 것들에 집중하고 있었다.

하지만 바로 그날, 머리가 그쪽을 향하였고 일렬의 독특한 단어들을 훑어보았다. 그리고 그 짧은 순간, 여러 단어들 사이에서 우리가 선별한 단어들로 새로운 메시지가 떠오른다. 그리고 그 미묘한 순간, 우리의 삶은 바뀌기 시작한다.

우리의 사랑스런 반려동물들은 우리에게 놀라운 메시지를 보낼 수 있다. 그것은 '사랑의 선물'이라고 불리운다. 베키의 경험은 굉장한 선물의 좋은 예시가 되어 준다. 에비가 그녀의 삶에 성큼 들어왔을 때, 모든 것이 달라졌다.

춥고 눈이 오던 1월의 아침, 나는 마술에 홀린 것처럼 무언가에 이끌려 미니애폴리스 경찰견 구조 웹사이트를 검색했다. 그리고 가족을 기다리고 있는 에비게일이라는 노견을 발견했다. 에비는 그녀의 13번째 생일을 몇 주 앞둔 2011년 2월 11일 우리 가족의 구성원이 되었다.

그녀의 임시 위탁 가정이 에비에 대해 알고 있는 모든 정보를 공유해 주고 난 뒤 그녀의 귀에 속삭였다. "잘 가렴, 바바(양의 울음소리를 표현하는 영어식 표현, 음메)." 위탁 가정에서 지어 준 별명이었고, 얼마 되지 않아 그 이유를 알 수 있었다. 에비는 그루밍 후 마치 사랑스러운 양 한 마리처럼 보였다.

에비는 우리 집에 적응하기까지 얼마 시간이 걸리지 않았다. 그녀가 우리 가족의 일부가 되는 것을 매우 좋아한다는 것을 그녀가 기분이 좋을 때 추는 특별한 해피 댄스를 통해 알 수 있었다. 눈이 많이 오는 미네소타의 날씨에도 불구하고 그녀는 미네소타에서의 삶과 야외 활동을 즐겼다. 그녀는 더 이상 잘 듣거나 보진 못했지만, 상관없었다. 그녀는 사랑스런 영혼의 소유자였고, 삶에 열정을 갖고 있었다.

모든 것이 뒤바뀔 것이라곤 상상도 못했다. 2012년 11월, 에비의 미용사가 그녀의 목에 혹을 발견했다. 검사 결과 혀에 편평상피암이 발견됐다. 수의사는 이미 암이 림프절까지 퍼져, 우리가 할 수 있는 것은 아무것도 없다고 했다.

나는 쉽게 에비를 포기하지 않았다. 애니멀 커뮤니케이터의 도움을 받아 그녀와 소통하였고, 에비는 그 사실을 감사해했다. "나는 내 필생의 사업을 마무리하고 있어요. 머지않아 이 일은 완성될 것이고, 그럼 나는 세상을 떠날 준비가 되겠죠. 나의 새 가족을 사랑해요. 그들은 훌륭한 선생님이고, 무조건적 사랑에 대해, 그리고 나에게도 이러한 사랑이 올 것이라는 걸 배워야만 했어요. 나에게 대화해 주고, 말할 수 있는 목소리를 줘서 고마워요." 에비가 말했다.

그녀가 암과 싸운 다음 8개월 동안, 우리는 그녀를 사랑으로 보살피고 지지했다. 우리는 '동물들을 위한 치유의 손길(Healing Touch for Animals®)'이라는 곳을 통해 기공 마스터에게서 원격 치료 세션을 받았다. 나는 천국의 천사들에게서 치료의 힘을 소환했고, 에센셜 오일과 젬스톤(원석)도 사용하였다.

그녀의 암세포는 더 이상 커지거나 다른 부위로 전이되지 않았지만, 혀가 사라지기 시작해 숟가락으로 밥을 먹이고 식수대로 물을 줬다. 3월의 검진 때는 수의사가 솔직히 에비가 봄까지 살아남지 못할거라고 생각했었다고 밝혔다. 하지만 에비는 버텼다.

에비의 건강이 악화되기 일주일 전, 나는 잠에서 깨어 "우리가 할 수 있는 건 더 이상 없어"라는 말을 들었다. 며칠 안에 그녀의 암세포

는 들꽃처럼 퍼졌다. 그녀의 마지막 애니멀 커뮤니케이션에서 그녀는 "나는 나의 가족들이 준비가 될 때 준비가 될 거예요"라고 했다. 그녀는 우리가 그녀의 마지막을 결정하는 것에 부담을 주고 싶어하지 않았다.

에비가 천사가 되는 날은 2013년 7월 29일이었다. 우리는 경의를 표하며 그녀가 가장 좋아하는 아침 식사를 차려 그녀가 가장 좋아하는 장소 중 하나였던 정원에 함께 앉아 아침을 보냈다. 신호가 쇄도하였다. 우리가 가족으로서 함께한 마지막 산책 도중, 하얀 깃털 그리고 페니 하나를 발견했다. 난롯가에서 마지막 가족 모임을 가졌을 땐 천사 모양의 불꽃을 보았다. 전날 밤 그녀의 잠자리에서 한 루트비어 건배 중에는, 병 안에 하트 모양이 생겼다.

에비의 16번째 생일이 될 수도 있었던 날에는 앞 차의 번호판에 "바(BAH)"라고 쓰여 있는 것을 발견했다. 그녀가 보낸 신호라는 것에는 틀림이 없었다. 그녀가 함께하지 못한 나의 첫 번째 생일에는 "바(BAA)"라고 적힌 자동차 번호판을 보았다. 나는 그녀의 신호를 받는 것을 매우 좋아한다.

- 베키 N., 미네소타 브루클린 파크에서

저승의 반려동물은 선택의 도구로 우연성을 이용하여 모든 사람과 모든 것을 꼭 필요한 곳에 배치한다. 그들은 최고로 신성한 사랑으로 우리에게 메시지와 신호를 보낸다. 그들의 메시지가 말을 할 수 있다면, 분명히 "우리의 사랑은 절대로 사라지지 않아"라고 할 것이다.

07,
구름의 형태

우리가 함께하지 못하게 되는 그런 날이 온다면,
나를 네 마음속에 간직해 줘. 그곳에 영원히 머무를게.

- 곰돌이 푸

많은 이들이 구름에서 보이는 모습들이 미래에 일어날 일들을 예측한다고 믿는다. 다른 이들은 사람의 현재 심리 상태를 보여 준다고 생각한다. 우리가 무엇을 믿든지 간에, 한 가지는 확실하다. 구름의 형태는 상상을 포착한다.

구름 속에서 반려동물의 얼굴, 아름다운 천사 또는 사랑하는 이의 특징을 보는 것은 신성한 안내로 여겨진다. 이러한 신호는 사랑으로 가득 차 있을 뿐 아니라, 예언적이며, 현명하고, 꽤 불가사의하다.

혹시 구름 속에서 흥미로운 형태를 본 적이 있는가? 만약 그런 경험이 있다면, 이런 경험을 한 사람은 당신 혼자만이 아니다. 구름은 어떠한 모양과 형태든 만들어 낼 수 있다. 몇몇은 모호하지만, 다른 것들은 꽤나 명확하다.

구름의 형태를 알아보는 것으로 저승에서 보낸 낙관적인 안내에 대한 인식을 높일 수 있다. 때론 저승의 반려동물의 능력을 이해하는 것이 어려울 수 있다. 하지만 혼란스러움을 잠시 뒤로 하고, 실제 능력에 초점을 맞추면, 사실 사랑뿐이라는 사실을 이해하기 시작할 수 있다. 저승에서도 계속되는 헌신이 우리 삶의 의혹을 모두 없애 줄 수 있다.

구름의 형태에서 보이는 모습들은 당신의 개, 고양이 또는 새처럼 보일 수 있으며, 그뿐만이 아닌 무엇이든지로 보일 수 있다. 테레사가 그녀의 고양이가 세상을 떠나고 얼마지 않아 하늘을 보았을 때, 놀라운 초상화를 보고 얼마나 놀랐을지 상상해 볼 수 있다.

새끼 때부터 키운 나의 턱시도 고양이 펄볼은 나의 큰 기쁨이었다. 나는 16년하고도 반년 동안 그녀와 함께하는 즐거움을 누릴 수 있었다. 노년기에 그녀가 많이 아플 때에는, 끔찍한 결정을 내려 그녀를 고양이 천국으로 보내 줄 수밖에 없었다.

그래야만 했지만, 너무나 힘들었다. 나는 집으로 돌아가 내가 정말로 올바른 선택을 했는지 씨름했다. 부엌에서 설거지를 하다 고개를 들어 구름을 보았을 때, 앉아서 나를 쳐다보고 있는 완벽한 고양이 모습이 보였다.

나는 매우 감동받았다. 펄볼이 자신이 천국에 있다는 것을 알리려 나에게 신호를 보낸 것이다. 그녀는 안전하게 잘 지내고 있었으며, 내 마음에는 평화가 찾아왔다.

- 테레사 C., 앨버타 캘거리에서 (캐나다)

저승은 우리가 믿도록 만들어진 것처럼 복잡하지 않다. 저승의 반려동물들은 우리와 계속해서 이어져 있고, 연락하고 싶어한다. 저승과 소통하는 데 장애가 될 수 있는 것은 우리뿐이다. 우리가 저승 세계와의 소통을 믿지 않거나, 무엇을 찾아봐야 하는지 모르거나, 그들

이 보낸 신호와 메시지를 믿지 않을 때 장애가 된다.

의심은 저승에서 온 메시지를 놓치는 첫번째 이유이다.

신호를 원하거나 필요할 때, 하늘을 보라. 당신 위의 구름을 관찰해라. 구름으로 신호를 보내 달라고 한 뒤, 모양을 만들 수 있게끔 몇 분 시간을 줘라. 당신이 발견할 모습에 깜짝 놀랄 것이다.

사랑은 우리를 함께하게 하는 **열쇠**이다. 우리의 영혼은 우리가 함께하는 사랑으로 만들어져 있다. 이러한 종류의 개인적이고 시기적절한 메시지는 저승과 이승에서의 상호 연결을 분명히 해 줄 수 있다. 맥이 그의 반려견의 영혼과 함께한 소통에서처럼, 그들의 연결은 신성한 사랑의 완벽한 모델이 되어 준다.

나와 거의 12년을 함께한 나의 비글 루퍼스는 갑작스레 세상을 떠났다. 어느 한 오후, 일을 마치고 집에 돌아오니 그의 숨 쉬지 않는 육체가 그의 침대 위에 누워 있었다. 말할 것도 없이 나는 상심에 빠졌고, 나는 나이가 많은 남자이지만 문제없이 눈물이 강을 만들도록 울었다. 그가 떠나고 여러 신호를 목격했다. 하루는 그에게 잘 지내고 있는지 제발 좀 알려 달라고 애원했다. 30분 정도 후, 밖으로 나가 하늘을 봤다. 하늘엔 구름으로 완벽한 하트 모양이 만들어져 있었다. 거의 즉시, 압도적인 행복감과 평화가 나를 찾아왔다. 그가 나를 사랑하고, 아직도 나와 함께하고 있다고 말했다는 데에는 의심의 여지가 없다. 그리고 그것은 그와 함께한 마지막 소통이 아니었다. 그는 정기적으로 무당벌레와 하얀 나비를 보낸다. 아빠가 사랑하고 보고 싶어 한단다, 루퍼스.

- 맥 B., 애리조나 길버트에서

생각과 마음을 열면, 당기는 기운이 우리의 관심을 끌어들인다는 것을 인식할 수 있다. 구름의 형태는 각각의 사람에게 그 순간 필요한 것에 맞추어 만들어진다. 베키는 에비가 세상을 떠나고 몇 분 뒤, 사랑스런 서프라이즈를 받고 감사의 눈물을 흘렸다.

내가 살고 있는 지역의 한 청소년이 암과 싸우는 여정에서 '구름'이라는 노래를 작곡했다. 그는 에비가 세상을 떠나기 2주 전 세상을 떠났다. 나의 고령의 구조견 에비 또한 암과 맞서 싸우고 있었다.

에비가 세상을 떠나던 날, 우리는 그 학생의 노래를 듣고 또 들었다. 노래가 매우 희망적이었고, 우리 작은 에비의 마지막 날에 우리를 긍정적이고 강해지게끔 해 주었다. 그녀가 숨을 거두고 하늘을 보자, 완벽한 천사의 날개 모양 구름이 위에 있있다. 우리 아가는 자신이 괜찮다고, 그리고 천국에 안전하게 잘 도착했다는 것을 알려 주었다.

- 베키 N., 미네소타 브루클린 파크에서

반려동물의 영혼을 믿어도 괜찮다. 그들은 우리와 함께 살아 있을 때 무조건적인 사랑을 나누었고, 우리가 다시 만날 때까지 계속해서 그럴 것이다. 그들은 우리게 신호를 보내는 것을 좋아한다. 그들의 신호를 우리가 "발견"할 때, 더욱더 열정적이게 되고 빨리 다음 신호를 보내고 싶어한다. 멜리사의 경험은 그녀를 무릎 굽혔다. 무언가 보았다는 것은 알았지만, 그것이 사실이라는 것을 믿기까지 힘든 여정을 보냈다.

하루는 아침에 하늘을 쳐다보았다. 평상시 같았으면 하늘을 보는

데 시간을 보내지 않았겠지만, 그날은 분명히 무언가에 이끌려 하늘을 보았다. 내 눈을 믿을 수가 없었다. 하늘에는 완벽한 스마일 모양의 구름이 있었다. 나는 열심히 눈을 깜박이고 다시 바라보았다. 얼굴이 아직도 거기에 있었다. 나는 털썩 무릎을 굽히고 눈물을 쏟아 냈다.

나의 작은 웰시코기가 이틀 전 세상을 떠난 때였다. 그는 그가 가장 좋아하던 노란 스마일 무늬 담요와 함께 묻혀졌다. 토비가 천국에서 잘 지내고 있다고 알려 주는 것이라 확신했다. 나는 이제 신호를 찾기 위해 하늘을 꽤 자주 본다.

- 멜리사 P., 켄터키 스파르타에서

우리의 반려동물들은 구름의 형태를 통해 믿을 수 없는 메시지를 전달한다. "우리가 나누었던 사랑은 측정될 수 없어요. 나를 신뢰하고 당신과 항상 함께라는 사실을 믿어 주세요."

08,
꿈 – 방문과 환영

추구할 용기만 있다면, 모든 꿈은 이루어질 수 있다.

- 월트 디즈니

반려동물의 꿈을 꾸는 것은 흔히들 하는 경험이다. 우리는 잠을 잘 때 이승의 육체와 영혼의 세계를 연결하는 중간계에 있다.

수면 중 우리의 사고는 잘 이루어지지 않는다. 깨어 있는 도중에는 멈추거나 무시할 것들(세상을 떠난 반려동물의 모습과 같이)이 수면 중에는 그렇지 않게 된다. 반대로, 우리가 잠을 잘 때 저승의 반려동물들은 전보다 더 생기가 넘친다.

꿈속 방문은 반려동물들이 우리를 만나기 이상적인 장소이다. 저승의 반려동물, 사랑하는 이, 영적 가이드, 천사들은 우리와 연결하기 위해 꿈을 사용해 **사랑의 메시지**를 전달한다.

꿈속 방문 중, 저승의 반려동물들은 우리가 필요한 것을 보여 주기 위해 그들의 시각적 모습을 보여 줄 수 있다. 이것은 그들에게 정확하게 소통할 수 있는 기회를 주고, 때때로 소통은 텔레파시를 통해 되기도 한다. 그들은 그들의 건강 상태, 새로운 삶 그리고 저승에서의 시작에 대해 그들의 육체를 눈으로 보여 주는 것으로 알려 준다.

이뿐만 아니라, 꿈속 방문은 짧은 시간이라도 사랑스런 반려동물의 모습을 다시 볼 수 있는 기회를 준다. 그들은 우리가 얼마나 보고

싫어 하고, 함께하기를 갈망하는지 안다. 할 수만 있다면 분명히 꿈속 방문을 시도할 것이다.

꿈속 방문은 쉽게 알아볼 수 있다. 가장 분명한 차이는 꿈속에서 얼마나 모든 것이 진짜같이 느껴지냐이다. 깨어나자마자 꿈이 현실만큼이나 진짜 같았다고 장담할 수 있을 것이다. '우와, 정말 진짜 같았어. 정말로 그/그녀가 내 옆에 있었던 것만 같아'라고 생각할 수도 있다.

또한 매우 생생할 것이다. 너무나도 분명해 꿈에서 깨어서도 잊혀지지 않을 것이다. 그리고 며칠이고, 몇 달이고, 몇 년이고, 어쩌면 평생 동안 기억할 것이다.

당신이 사랑하는 반려자는 항상 건강한 상태의 모습으로 사랑스런 태도를 보일 것이다. 그들이 꿈에 나타나는 의도는 당신과 사랑을 공유하기 위해서이다. 그들은 더 이상 고통, 슬픔, 아픔을 느끼지 않는다는 것을 알려 주고 싶어 한다.

로빈의 고양이 앰버는 얼마나 로빈을 사랑했는지 알려 주고 싶어 했다. 꿈속 방문을 통해, 그는 그녀의 슬픔을 안정시켰다.

내가 꿈속 방문을 믿기 전, 나는 안락사시킨 나의 고양이 앰버의 꿈을 꾼 적이 있다. 나는 엄청난 충격에 빠져 있었고, 반려동물이 세상을 떠날 때에도, 사람이 떠날 때와 마찬가지로 슬픔에 빠진다는 것을 몰랐다.

앰버는 강하게 다가와 이렇게까지 슬퍼할 필요가 없다고 했다. 지금 있는 곳에서 훨씬 건강하게 잘 지내고 있으며, 먼 시간 후이지만, 때가 되어 내가 숨을 거두면 다시 만날 수 있다고 했다. 이제는

방문이라는 것을 알게 된 그 꿈은, 나를 매우 안정시켜 주었으며 굉장히 선명했다. 마치 어제 꾼 꿈처럼 영원히 잊지 않을 것이다. 아주 능력 있는 한 영매는 그의 메시지가 영어로 들린 것은 영적 소통의 공용어는 텔레파시이기 때문이라고 했다. 영적 소통을 이해할 수 있도록 모든 것이 번역된다고 했다. 앰버는 나에게 아주 귀중한 선물을 줬다.

- 로빈 테이트, 온타리오 토론토에서(캐나다)

메시지는 우리를 매우 안심시키려는 경향이 있다. 그들은 텔레파시를 통해 인간의 언어를 나눌 수 있다. "나는 괜찮아. 안전해. 사랑해" 같은 문장을 들을 수 있다. 어쩌면 "슬퍼하지 마. 나는 항상 네 곁에 있어"라는 말을 들을 수도 있다.

많은 이들이 꿈속 방문에서 깨어날 때 평온과 사랑을 느낀다고 보고했다. 다른 이들은 육체적 죽음 후 다시 소통할 수 있다는 것을 깨닫지 못하거나, 믿지 않아 큰 슬픔을 느낀다고 보고했다.

그들은 자주 가족의 다른 구성원이나, 친구를 방문해 잘 있다는 사실을 알려 주려 한다. 어쩔 땐 당신에게 필요한 정보를 전달해 달라고 방문하기도 한다.

이러한 꿈속 방문은 3자 방문이라고 여겨진다. 반려동물이 직접적으로 당신에게 메시지를 보내려 할 때 쉽게 사용할 수 있는 방법이다. 3자 방문 시 그들은 딱히 말을 하지 않을 수도 있지만, 행복한 짓음, 윤기 나는 털, 얼굴의 미소, 살랑거리는 꼬리처럼 눈에 띄는 암시와, 그들 자신의 모습 자체를 보여 주는 것만으로도 그들과 당신 사이의 아름다운 연결을 뜻할 수 있다.

덧붙이자면, 보통 3자 방문은 굉장히 큰 슬픔에 빠져 있거나, 자신의 꿈을 기억하지 못하는 사람들에게 나타난다.

어떤 내용이든지 매우 분명하게 소통될 것이다. 상징을 보여 주거나 텔레파시를 통해 이야기를 할 수도 있다. 텔레파시가 사용될 땐, 그들의 목소리를 들은 것을 기억할 수 있을 것이다. 그렇다. 우리 반려동물들은 저승에서도 우리에게 말할 수 있고, 실제로 말한다. 샌드라의 요크셔테리어가 그녀를 방문했을 때, 샌드라는 그녀의 반려견이 잘 지내고 있다는 것을 알 수 있었다.

렉시는 작년에 매우 공격적인 암을 진단받았다. 그녀는 13살이었고, 수의사가 할 수 있는 것은 아무것도 없었다. 그들은 그녀를 집으로 데려가 마지막 순간까지 매 일분일초를 즐기라고 했다. 다음 두 달 동안, 나는 매일 밤 그녀와 함께 소파 위 담요(내가 호스피스 담요라고 부르던 담요였다)에 누웠다. 그녀의 큰 갈색 눈을 쳐다보며 물었다. "렉시, 무지개 다리를 건너게 되면, 네가 잘 도착했다는 걸 알 수 있도록 신호를 보내 주지 않겠니?"

나는 그녀가 그곳에 잘 도착했다는 걸 알면 얼마나 멋질지 이야기해 주었고, 그녀는 내가 무슨 말을 하는지 정확히 아는 듯한 눈빛을 주었다. 그녀가 떠나고 한 달 뒤쯤, 나는 린 래이건(이 책의 저자)의 페이스북 페이지를 찾게 되었고, 렉시가 무지개 다리 위에 서 있는 사진을 보았다. 나는 매우 놀랐고, 눈물이 눈에 고였다. 그녀가 잘 도착했다는 것을 알리기 위해 나에게 보낸 메시지라는 것을 알았다. 하지만 최고의 신호는 저번 달에 있었던 일이다. 꿈속 방문이었다.

그 꿈은 매우 생생했고, 굉장히 현실적이었다. 렉시가 곱슬곱슬한

흐트러진 머리로 찾아왔다. 매우 아름다웠고, 마치 갓 태어난 강아지 같았다. 나는 그녀에게 외쳤다. "렉시, 정말 너니?" 그리곤 잠에서 매우 행복하고 평온하게 깨어났다. 렉시가 잘 있다고 알려 주려 했다는 것을 확신한다.

- 샌디 R., 플로리다 스튜어트에서

세상을 떠난 반려동물을 보고 꿈인지 생시인지 구분이 가지 않아 당황하고 혼란스러워 하는 사람들이 흔히 있다. 벨린다의 푸들이 그녀 앞에 의심할 나위 없이 나타났을 때, 그녀의 경우가 이러했다.

내가 13살이었을 때, 나는 우리 작은 블랙 푸들 샬롯과 사랑에 빠졌다. 그녀는 모든 곳에 나와 함께 했다. 해변을 가거나, 공원을 가거나, 친구네 집에 가거나 함께했고, 매일 밤 함께 잠들었다. 샬롯은 차 앞으로 달려들어 치였다. 나는 울고 비명을 지르며 그녀에게 심폐소생술을 시도해 보려 했지만 그녀를 살릴 수 없었다. 몇 분 뒤 그녀는 숨을 거뒀다. 평생 그렇게 많이 울어 본 적이 없었다. 그녀가 미치도록 보고 싶었고, 방에 불을 켜 두지 않고는 잠들지 못했다. 그때 내가 깨어 있던 것인지, 잠들어 있던 것인지는 모르겠지만, 그녀가 매우 가까운 근처에 있다는 것을 느꼈다. 방을 둘러보니 샬롯이 있었다. 불 앞에 서서 나를 바라보고 있었다.

나는 자주 샬롯이 그날 밤 나에게 작별 인사를 하러 왔던 것은 아닐까 생각해 본다. 죽음의 슬픔에서 헤어 나오기까지 오랜 시간이 걸렸다. 그녀를 정말로 많이 사랑했다.

- 벨린다 O., 캘리포니아 빅터빌에서

저승의 반려동물은 원하는 행동을 우리가 하게끔 하기 위해 자신의 모습을 시각적으로 보여 주거나, 지난 사건을 생생하게 보여 줄 수 있다. 이런 일이 린의 사랑스러운 반려견 루비가 그녀에 특정 이미지를 보여 줄 때 일어났다.

나와 남편은 장모 닥스훈트인 루비가 2살 때 그녀를 구조했다. 올해 5월, 치석 제거를 위해 수의사에게 그녀를 데려갔다. 10살밖에 되지 않았기 때문에 그녀에게 문제가 있을 것이라고는 생각조차 못했다. 오후 12시, 수술이 잘 진행되었고, 4시에 데리러 오면 된다는 전화를 받았다. 그리고 몇 시간 후, 그녀가 숨을 잘 쉬지 못해 수의 전문의에게 데려가야만 한다는 또 다른 전화를 받았다. 폐렴이라는 진단을 받고, 별다른 차도 없이 5일 동안 치료를 받았다. 그녀를 보내 줘야만 했다. 나는 충격에서 헤어 나올 수 없었다.

그녀의 유골을 돌려받았을 때, 그녀에게 신호를 보내 달라고 빌었다. 이틀째 되는 날 밤, 침대에 누워 있는데 그녀의 얼굴이 초점에 맞춰졌다 흐려졌다 했다. 그리고 그녀가 하얀 드레스를 입은 여자의 무릎에 앉아 있는 모습을 보았다. 여자의 얼굴은 보지 못했고, 루비가 무릎에 앉아 있다는 것만 알 수 있었다. 루비가 잘 지내고 있다는 것을 알고 안도감과 편안함이 밀려왔다.

- 린 P., 플로리다 팜 항구에서

파멜라의 반려견이 실종되었을 때 그녀가 본 환영은, 그녀에게 특별한 희망을 심어 주었다.

2년 전 밸런타인데이에 나의 개, 주다를 잃어버렸다. 내가 이름을 부르면 항상 곧바로 대답을 하던 그였는데, 이날은 뭔가 잘못되었다는 것을 느꼈다. 잃어버리고 24시간 동안 힘들게 그를 찾아다녔지만, 전혀 찾을 수 없었다. 다음 날 나는 이미 그를 찾아본 마당 옆 숲을 다시 찾아갔다. 그리고 그곳에서 나에게 달려오는 그의 환영을 보았다. 환영이 너무 강렬하고 선명해, 나는 기쁨의 눈물을 흘렸고 희망을 되찾을 수 있었다.

두 시간 뒤, 나는 주다가 근처에 있는 걸 느꼈다. 나는 다시 밖으로 나가 아까 무언가에 이끌려 찾아갔던 마당 옆 숲으로 갔다. 그리고 바로 거기, 주다가 있었다. 슬프게도 술에 취한 이웃이 집 근처 흙길에서 그를 차로 친 뒤 그가 죽어 가도록 내버려둔 것이었다. 어떻게 해서인지 그 길에서 집까지는 먼 거리였음에도 불구하고, 주다는 성치 못한 몸을 앞발만 사용하여 집으로 끌고 왔다. 그의 골반 뼈는 세 조각나 있었지만, 완벽하게 회복할 수 있었다. 오늘날 그는 나에게 희망을 준 환영에서처럼 튼튼한 모습으로 달린다.

- 파멜라 K., 플로리다 파나마 시티에서

꿈속 방문과 환영은 평온과 사랑으로 가득 차 있다. 이승과 저승에 있는 우리의 반려동물들은 단 한 가지만을 원한다. 우리에게 그들의 사랑은 무조건적이라는 것을 알려 주는 것 말이다.

09,
천사의 숫자

> 잔인한 세상에서 상냥한 마음씨를 갖고 있는 것은
> 나약함이 아닌 용감함이다.
>
> - 캐서린 헨슨

숫자는 저승에서 큰 의미를 갖고 있다. 아주 큰 의미를. 우리가 이미 모든 시간과 날짜를 표시해 놓고 기억해 놓기 때문이다. 태어난 날, 세상을 떠난 날, 결혼한 날, 특별한 기념일 등등……. 저승의 반려동물이 우리 곁에 있다는 것을 상기시켜 주기 위해 간단하게 사용할 수 있는 상징적 신호 중 하나가 바로 숫자인 것이다.

의미가 있는 숫자가 어딜 가든 보이기 시작할 수 있다. 특히 명절 연휴 동안. 반려동물이 태어나거나 세상을 떠난 날짜나 시간을 보거나, 어쩌면 기존에 본 적 없던 세 자리 수가 나타나는 것을 알아차릴 수 있다.

숫자가 어디에서 보이는지 상관없다. 탁상시계, 손목시계, 집 뒤, 우체통, 주소, 페이스북 포스트, 자동차 번호판, 표지판, 책, 잡지, 또는 인터넷 서핑을 하다가 볼 수도 있다.

숫자의 뜻을 완벽하게 알아보고 인지하는 것은 저승의 반려동물과 천사들에게 더욱더 가까이 연결되어 있는 느낌이 들게 한다. 이러한 연결은 우리의 반려동물들이 평화, 희망, 사랑과 믿음이 함께하는 놀라운 관계의 문을 열어 줄 수 있게 한다.

숫자 신호를 받을 때에는 반려동물이 놀라운 선물을 나누고 있다는 걸 잊지 않는 게 중요하다. 이러한 숫자 신호는 천사의 숫자라고도 알려져 있는데, 일렬의 숫자를 보여 주는 것을 통해 메시지를 전달한다. 베일 뒤에서도 계속해서 우리와 관계를 이어 가는 저승의 반려동물들에게 항상 고마움을 표시하는 것을 잊지 말아야 한다.

몇 년 전, 나는 나의 약혼자 칩이 저승에서 보내는 신호를 해석하는 데 도움이 되는 사이트를 발견했다. 당시, 나는 메시지가 얼마나 중요한지 전혀 몰랐으며, 불과 몇 주 안에 그가 보내는 신호 123이 나를 어디로 안내하든 따라다니기 시작했다. 그는 2008년 1월 23일에 세상을 떠났다.

조앤 웜슬리는 저승의 반려동물이 보내는 숫자 신호를 해석하는 데 도움을 주는 멋진 웹사이트를 만든 사람이다. 그녀는 방문하고 연구하는 모든 사람들에게 진정으로 도움이 되는 매우 유익한 웹사이트를 만들었다. 다음은 그녀의 웹사이트 주소이다.

sacredscribesangelnumbers.blogspot.com.

그녀는 홈페이지에 반복되는 숫자들이 보내는 매우 중요한 메시지에 대해 공유한다. "반복되는 숫자를 보고 확인하는 데 있어 가장 중요한 점은, 당신이 그것을 의식적으로 보고 있다는 사실입니다. 이때, 당신의 천사들은 당신에게 직접적으로 소통하고 있는 것입니다. 그 메시지들은 당신을 위한 것이며, 당신과 당신의 삶에 관한 것입니다. 내면으로 들어가 당신의 직감과 진정한 자아의 소리를 듣고, 메시지가 무엇을 말하려 하는 것인지, 그리고 당신에게 어떤 의미가 있는 것인지 알아내는 것은 당신에게 달려 있습니다. 당신만이 당신의 내면에 무엇이 있는

지 알고 있습니다."

우리의 직관과 내면의 직감을 듣는 것은 우리 모두가 갖고 있는 영적 능력이다. 하지만 그것들을 어떻게 듣는지는 많은 이들이 약간의 어려움을 겪는 부분이다.

반려동물의 영혼이 우리에게 숫자 신호라는 선물을 하였고, 이것은 그 자체만으로 축복받은 보물이다. 그렇게 우리가 선택하기만 한다면, 우리는 숫자 신호가 무엇을 나타내는지 정의하는 데 한 발자국 더 다가갈 수 있다. 다음은 조앤의 웹사이트에서 가져온 숫자 일렬 또는 천사의 숫자와 그것이 가진 영적 의미의 아주 짧은 목록이다.

111 - 당신의 생각을 메모하라. 주의 깊게 그것을 관찰하고 당신의 최고 목표를 이루기 위해 당신이 원하지 않는 것이 아닌, 정말 원하는 것이 무엇인지 생각해 보아라.

1111 - 기회가 당신에게 찾아올 것이고, 생각이 빛의 속도로 분명해진다. 당신의 가장 깊은 욕구와 희망 그리고 꿈의 성과를 위해 우주의 긍정적인 기운을 사용해 긍정적인 사고만 해라(이 천사의 숫자에 대해 더 자세한 사항은 이번 장(9장)의 마지막에 배울 수 있다).

222 - 모든 것이 장기적으로 가장 좋은 결과를 가져올 것이다. 영혼에 의해 모든 일들이 해결될 것이며, 관련된 모든 이에게 최고선을 가져다줄 것이라는 점을 명시해라.

2222 - 최근 떠오른 발상들이 형태를 갖추고 현실이 되어 간다. 곧 분명한 징후가 나타날 것이므로 긍정적인 태도를 유지하고 하던 일을 계속 밀고 나가라. 조금만 있으면 보상받을 수 있을 것이다.

333 - 인류에 믿음을 가져라. 천사들이 모든 방향에서 당신을 돕고 있다. 그들이 항상 당신을 사랑하고, 안내하고, 지켜 준다. 당신의 인생이 목적이 불분명하고 혼란스럽다면 천사에게 도움을 청해라. 그들이 당신의 부름을 기다리고 있다.

3333 - 당신의 천사들이 당신 주변을 지키며 당신을 향한 사랑, 지지 그리고 우정을 당신에게 확인시켜 준다. 그들에게 도움을 자주 청해라. 그들은 현재 당신이 처한 위치와 상황을 매우 잘 인지하고 있으며, 최고선을 위하여 문제를 해결하는 방법을 알고 있다. 당신 인생의 다음 단계 동안 도움을 주고 안내를 해 줄 것이다. 그들은 당신이 도움을 청하길 기다리고 있다.

444 - 두려워할 것이 없다. 모든 일은 순리대로 평탄히 진행되고 있다. 하고 있던 일은 잘 풀릴 것이다. 당신을 사랑하고 지지하는 천사들이 당신의 주위 모든 곳에 있다. 그들의 도움은 언제나 가까이에 있다.

4444 - 천사들이 그들의 존재와 당신을 향한 사랑과 도움을 확인시켜 주기 위해 당신의 주위 모든 곳에 있다. 성공이 바로 눈앞에 있으니 목표와 포부를 위해 계속해서 노력하라고 이야기한다. 필요만 하다면 도움은 가까이에 있다. 그저 천사들의 도움과 안내를 요청하기만 하면 된다.

555 - 인생의 큰 전환점이 찾아올 것이다. 천사의 숫자 555가 중요한 변화가 일어날 것이고, 번데기 상태에서 깨어 나와 당신이 영적인 존재로서 누릴 자격이 있는 놀라운 삶을 발견할 기회가 있다는 것을 보여 준다. 진정한 삶의 목적과 길이 당신을 기다리고 있다.

5555 - 당신의 삶에 새로운 자유에 대한 큰 변화가 다가올 것이며,

내면의 진실에 따라 살 수 있는 변화가 온다는 우주의 메시지이다.

666 - 인생의 문제를 해결하고 균형을 맞추기 위해 당신의 영성에 초점을 둘 시간이다. 천사와 사람 모두에게서 도움, 사랑, 지지를 받기를 꺼려하지 말아라. 모두 당신에게 기꺼이 도움을 주기 위해 있다. 당신이 필요한 도움을 편안하게 받아라.

6666 - 천사들이 당신에게 영적 생각과 물질적 생각 사이에서 균형을 맞추라고 조언한다. 당신이 필요로 하는 것들이 항상 이루어질 것이라는 믿음과 신뢰를 잃지 말아라. 영혼과 봉사에 초점을 맞추면, 물질적이고 정신적인 것들은 저절로 따라오게 될 것이라고 천사들이 말한다.

777 - 당신은 신성한 안내를 따라 그들의 지혜를 삶에서 실천하고 있다. 여태까지의 수고와 노력에 보상을 받을 시간이다. 수고했다! 당신의 성공이 남들에게 영감과 도움을 주고 본보기가 되어 가르침을 주고 있다. 이 숫자는 당신의 삶에 기적이 찾아올 것이라는 긍정의 신호이다.

7777 - 올바른 길로 잘 가고 있다. 당신의 수고와 긍정적인 노력으로 보상을 받았다. 당신의 소원과 바람이 분명해져 삶에 결실을 맺고있다. 이 숫자는 굉장히 긍정적인 신호이며, 더 많은 기적을 기대해도 좋다는 뜻이다.

888 - 우주가 당신 삶의 목적을 전적으로 지지하고 있다. 당신 인생의 한 단계가 막을 내리고 있다. 다음 단계의 삶과 그것을 맞이할 당신을 준비하라는 신호이다. 우주는 풍부하고 관대하며, 당신에게 보상해 주고 싶어 한다. 재정적으로 크게 번영할 것이다.

8888 - 터널 끝 빛이 있다. 행동에 들어가거나 노동의 결과를 즐길

때 미루지 말라는 신호이다. 당신을 기쁘게 하는 선택을 하라. 그것이 바로 당신이 얻을 보상이다.

999 - 세상이 지금 당신의 재능을 활용해 신성한 삶의 목적에 기여할 것을 필요해 한다. 주저나 지체 없이 성스러운 임무에 착수하여라. 바로 지금이 당신이 진정한 빛과 삶의 목적을 깨닫고 실천할 때이다.

9999 - 다른 이들에게 좋은 본보기가 되기 위해 긍정적이고 희망적인 태도로 삶을 살아라. 계속해서 밝게 빛을 비춰라.

다음은 수천 명의 사람들이 알아본 대중적인 천사의 숫자 두 가지이다.

911 - 911은 굉장히 영적인 숫자로, 빛의 일꾼으로서 삶의 목적과 영혼의 사명을 추구하라고 한다. 영적 깨달음과 의식을 갖고, 좋은 업보를 쌓아 온 보상을 받는다.

천사들은 당신에게 긍정적인 생각, 의도 그리고 행동에 대한 결과로 삶에 새로운 문이 열렸음을 알려 준다. 이 기회를 최대한으로 활용하여 숙명적인 운명을 성취하고 있다는 자신감과 확신을 갖고 앞으로 나아가라.

삶의 목표에 거의 다다랐으며, 그리고/또는 여러 인생의 단계 중, 현재 단계가 끝에 다다르고 있다. 한 문이 닫히고, 또 다른 문이 열리고 있음을 나타낸다. 새로운 것으로 채우기 위해 낡은 것을 버리라는 메시지이다.

11:11 - 지속적인 생각과 발상들이 빠르게 현실에 반영되고 있으니 당신이 갖고 있는 생각과 발상들을 주의하여라. 풍요의 에너지를 얻어 당신의 삶에 균형을 맞추기 위해 믿음, 생각, 사고방식을 긍정

적이고 낙관적이게 만들어라.

새로운 시작, 기회 그리고 계획들이 당신의 삶에 나타난다. 모두 이유가 있어 나타나는 것이니, 긍정적이고 낙관적인 태도로 생각해 보아라. 당신의 천사들은 당신이 바라던 목표와 포부를 이뤄 내고 성공하길 바라니, 주저하지 말고 긍정적인 조치를 취해라.

많은 이들이 반복되는 1111번을 웨이크업콜(모닝콜이라는 뜻도 있으나, 여기선 정신을 차리고 주의를 촉구하라는 신호라는 뜻에 해당됨), 활성화 코드, 자각 코드, 또는 의식 코드와 연관시킨다. 또한 잠재의식을 깨우는 열쇠로 볼 수 있으며, 영적인 경험을 하고 있는 육체적 존재보다는 육체적 경험을 하고 있는 영적인 존재임을 상기시켜 준다.

반복적으로 나타나는 숫자 1111의 빈도를 알아차리기 시작했다면, 당신의 삶에 늘어나는 동시성과 기적적인 우연의 일치들이 보이기 시작할 것이다. 때때로 중요한 영적 깨달음과 어떤 직관과 통찰전 당신의 물리적 현실에 나타나 다가올 변화를 암시해 주기도 한다.

천사의 숫자 1111이 나타나는 것을 알아차렸다면, 그것은 당신의 생각과 믿음이 진실과 일치하고 있다는 것을 나타내기 때문에 그 순간 갖고 있는 생각에 유의하여라. 예를 들어 당신이 숫자 1111을 보았을 때 새롭게 영감을 받은 발상이 있었다면, 그것은 행동에 옮겨도 되는 긍정적이고 생산적인 발상이라는 것을 뜻한다.

갖고 있기 좋은 또 다른 책은 도린 벌츄의 '천사의 숫자 101: 111, 123, 444와 다른 숫자 일렬의 의미'라는 책이다. 이 책은 반복되는 일렬의 숫자를 볼 때마다 천사들과 저승의 사랑하는 이들로부터 어떻게 정확한 메시지를 받을 수 있는지 설명한다.

숫자 또는 일렬의 숫자는 우리가 쉽게 목격하고 간단하게 따를 수 있는 복잡하지 않은 신호이다. 우리가 무슨 행동을 하고, 어딜 가든 항상 보이는 신호이기 때문에 어떻게 해석하는 지만 배우면 쉽게 알아볼 수 있다.

앤젤라의 개 윈스톤이 세상을 떠난 뒤, 그녀는 여러가지 다른 신호를 알아차리기 시작했다. 그중 하나는 숫자였다.

내가 내 아이폰을 켰을 때 본 시간은 4:44였고, 그래서 이 천사의 숫자가 무슨 뜻을 의미하는지 알아보니 이렇게 나왔다. "두려워할 것이 없다. 모든 일은 순리대로 평탄히 진행되고 있다. 하고 있던 일은 잘 풀릴 것이다. 당신을 사랑하고 지지하는 천사들이 당신의 주위 모든 곳에 있다. 그들의 도움은 언제나 가까이에 있다." 나는 눈이 빠지도록 울어야 할지, 아니면 기쁨에 가득 차 뛰어올라야 할지 몰랐다. 윈스톤이 나의 완벽한 천사가 되었다는 게 너무 기쁘다.

- 앤젤라 T., 노스 요크셔 헤러게이트에서

숫자 표시를 알아보고 찾는 것은 영혼이 우리의 가이드가 되어 길을 안내해 주는 것에 도움이 된다. 저승의 반려동물은 숫자를 사용해 쉽게 우리의 관심을 끌 수 있다. 마릴린이 그녀의 고양이가 자신과 연결되어 있다는 것을 알아차렸을 때, 그녀는 매우 놀랐다.

나의 70번째 생일날, 내 아들이 나에게 영매 서비스 상품권을 주었다. 나는 그런 것들을 믿지 않았기 때문에 선물을 아무렇게나 서랍에 넣어 두었다. 나의 고양이 미스 패티가 세상을 떠나고, 그녀가 죽은 뒤 그녀에게 무슨 일들이 일어났을지 자주 궁금해했다. 그녀와 12년이란

시간을 함께했지만, 이제는 아무것도 남지 않았다.

친구들은 나에게 패티가 보내는 신호를 찾아보라 했지만, 나는 그 쓰잘머리 없는 것이라고 생각했다. 그리고 어느 날 오후, 전화가 왔다. 바로 "그" 영매였다. 아들이 내가 영매 서비스를 예약 잡지 않을 것을 알고 자기가 예약을 한 것이다. 나는 여전히 서비스를 이용할 마음이 없었지만, 그냥 들었다.

나의 모든 가족은 죽었기 때문에 그녀가 만약 진짜배기가 아니었다면 나는 쉽게 알아차릴 수 있었을 것이다. 불과 몇 분 뒤, 그녀는 나에게 팻, 또는 패티라는 이름의 암컷 고양이가 저승에 있는지 물었다. 나는 놀라 입을 다물 수 없었다. 그리고 그녀는 나에게 숫자 11:11을 보았냐고 물었다. 그랬다. 항상. 집 안이나 침대 위에서 깃털을 보았냐고 물었다. 그랬다. 부엌과 침대에서 깃털 몇 개를 보았다. 그녀는 어떻게 알았을까?

그리고 그녀는 말했다. "모두 패티가 당신에게 보낸 신호예요. 패티는 당신이 신호를 볼 때마다 그녀의 사랑이 당신을 안고 있다는 것을 느끼길 원해요. 물리적 세상은 떠났지만, 그녀의 영혼은 항상 당신과 함께하고 있어요." 정말이지 내 인생 최고의 전화였다.

- 마릴린 B., 텍사스 존스 대초원에서

저승의 반려동물이 숫자 메시지를 당신에게 보낼 땐, 메시지는 굉장히 분명하다. "당신이 얼마나 많은 사랑을 받고 있는지만 알아준다면 얼마나 좋을까. 당신이 너무 자랑스러워요."

제2장

영적 현상

10,
오버소울링

지구는 인간만이 아닌 모든 생명을 위해 만들어졌다.

- AD 윌리엄스

오버소울링이란 내가 최근에 직접적인 경험을 통해 배운 새로운 용어이다. 오버소울링이란 뭘까? 간단히 말하자면 천국에 있는 반려동물이 이승에 살아 있는 반려동물의 행동과 태도를 **지시할 때**를 겪는 경험이다.

오버소울링은 이승의 반려동물이 저승의 반려동물로부터 특정 지시를 따르기로 동의했을 때 일어난다. 지시는 새로운 강아지에게 집안의 규칙을 가르치는 것만큼 간단한 것일 수도 있다. 예를 들어, 저승의 반려동물이 새로 들어온 강아지에게 보호자의 신발을 물어뜯으면 안 된다거나, 책이나 잡지를 찢으면 안 되고, 카펫 위에 배변하면 안 된다는 것을 가르쳐 줄 수도 있다. 아니면 이승의 반려동물에게 자신이 췄던 것처럼 춤을 추게끔 지시하여 가족들에게 자신이 아직 함께한다는 것을 보여 줄 수도 있다. 하지만 다른 방법으로 말이다. 당신의 반려동물이 세상을 떠난 다른 반려동물을 상기시켜 주는 행동을 하는 것을 본 적이 있는가? 그리곤 "어, 이거 로스코가 하던 행동이랑 똑같은데!" 같은 말을 했는가? 지시받은 행동은 세상을 떠난 반려동물이 하던 행동과 기묘할 정도로 비슷하며, 반려동물의 영혼에겐 오버소울링이라는 **직접 방문**으로 간주된다.

많은 이들이 영혼이 지구 상의 생명체로 들어와 수명을 다하기 전에 특정 계약을 맺는다고 믿는다. 오버소울링이 바로 그 계약 중 하나라고 보면 된다. 반려동물의 영혼을 보고 대화할 수 있는 애니멀 커뮤니케이터 브렌트 앳워터에 따르면, 저승의 반려동물이 살아 있는 반려동물에게 오버소울링을 하는 행위는 간헐적이라고 한다. 이는 세상을 떠난 반려동물을 상기시키는 살아 있는 반려동물의 행동이나 태도가 오랜 시간이 아닌 몇 분, 몇 시간, 며칠 그리고 어쩔 땐 몇 달이라는 것이며, 살아 있는 반려동물의 인생 평생 동안은 절대로 아니라는 것이다.

『동물의 환생: 당신이 항상 알고 싶어하던 모든 것』의 작가 브렌트 앳워터는 애니멀 커뮤니케이션에 대해 풍부한 정보를 공유하는 수많은 영상과 글을 가지고 있다. 그녀의 글 중 하나에선 오버소울링이 마치 반려동물의 환생처럼 보이지만, 사실은 **아니라고** 말한다. 환생은 반려동물의 삶의 과정이며, 오버소울링과 같이 짧은 방문이 아니다.

오버소울링이 사람에게서도 일어날 수 있을까? 정답은 '그렇다'이다. 하지만 우리는 반려동물의 행동에 집중할 것이다. 다음 이야기는 익숙한 특성을 알아보는 완벽한 예시이다. 베키와 그녀의 가족이 두 번째 구조견을 입양했을 때, 세상을 떠난 첫 번째 반려견과 똑같은 특성을 몇 가지 가진 것을 보고 놀랐다. 에비게일이 암으로 세상을 떠난 지 몇 달 만에, 그녀의 영혼은 다른 개에게 특별한 여정을 선물할 준비를 하고 있었다.

에비의 첫번째 입양자 중 한 명에게서 개 한 마리가 마른 개울 바닥에서 발견되었다는 메일을 받았다. 그녀는 그가 많이 안 좋은 상태였고, 살 집이 필요하다고 했다. 그녀는 그의 눈이 에비를 상기시켜 줘 곧바로 나를 생각했다고 했다.

우리는 작년에 찰리를 입양하였다. 놀랍게도 그는 에비가 추던 것과 똑같은 해피 댄스를 췄다. 그리고 에비가 하던 행동의 몇몇을 똑같이 했다. 그가 절대로 에비를 대신하진 못하지만, 나는 정말로 에비가 그를 우리에게 보내 줬다고 믿는다. 슬프게도, 찰리는 최근에 림프종과 심장에 종양을 진단받았다. 우리는 다시 한 번 더 암의 여정을 시작했지만, 우리는 찰리가 무지개다리를 건너면 에비가 가장 먼저 그를 맞이해 줄 것이라는 걸 안다.

- 베키 N., 미네소타 브루클린 파크에서

써니와 그녀의 친구들이 해변가에 간 어느 날 오후, 하나도, 둘도 아닌 세 번의 오버소울링 경험을 하게 될 것이라고는 정말 꿈에도 상상 못했다.

나와 내 두 친구가 해변가에 도착했을 때, 우리는 모두 래브라도 리트리버 한 마리가 보호자와 공놀이를 하고 있는 것을 발견했다. 그곳은 반려견을 동반해도 되는 해변가였지만, 개들을 본 적은 거의 없었다.

그리고 갑자기, 그 개가 물 밖으로 뛰쳐나와 나의 친구 지나에게 달려갔다. 그의 보호자는 그를 여러 번 불렀지만, 그는 보호자를 무시했다. 대신 지나에게 다가가 공을 주고 그녀의 옆에 앉아 그녀의 눈을 바라보았다. 지나는 최근에 키우던 래브라도를 잃었으므로, 슬픔에 빠져 그녀의 털복숭이 아기를 지독히도 보고 싶어 했다. 그 개가 떠난 후, 지나는 그녀의 개가 인사를 하러 온 것만 같았다고 했다.

우리가 자리를 잡고 편안히 쉬기 시작했을 때, 또 다른 래브라도가 해변가를 뛰어다니는 것을 보았다. 놀랍게도, 이 개도 마찬가지로 자신의 보호자를 벗어나 지나를 향해 달려갔다. 래브라도는 지나에게 도착하자 옆에 서서 그녀의 눈을 지긋이 바라보며 그녀의 다리 위에 자신의 얼굴을 올려놓았다. 놀라운 경험이었다. 하지만 뜻밖의 결말은 따로 있었다.

그날 늦게, 같은 일이 또다시 발생했다. 세번째 래브라도가 나타나 지나에게로 향했다. 그녀는 자신의 개를 상기시켜 주는 많은 일들에 굉장히 기뻤지만, 동시에 매우 놀라기도 했다. 세상을 떠난 래브라도의 사랑을 느낄 수 있었고, 그 사랑이 그날 만난 다른 세 마리의 래브라도에게서 오는 것을 알았다. 그리고 그녀의 개가 사랑하고 보고 싶다고 말하는 것이라는 것을 알았다. 우리는 그 해변가에서 그날 전에도, 그리고 후에도 래브라도를 본 적이 없다.

- 써니 W., 플로리다 노스 항구에서

더스티를 안락사시킨 후, 그녀의 생각을 멈출 수 없었다. 그녀가 내 곁에 있다는 작은 힌트와 단서를 받았지만, "이건 바로 그녀야!"라고 말해 주는 것들은 없었다. 적어도 이 일이 있기까지는….

어느 날 오후, 별 생각 없이 빨래를 하고 있을 때였다. 거실에 들어서자 나의 래브라도 리트리버 스쿠비가 똑바로 앉아 나를 응시하고 있

었다. 그는 나를 보자마자 미친듯이 꼬리를 흔들어 대기 시작했고, 이는 그가 뭔가 일을 저질렀다는 뜻이었다.

그리고 그는 한 번도 하지 않았던 행동을 했다. 나는 갑자기 그가 스쿠비가 아닌 완전히 다른 개라는 느낌이 들었다. 그는 머리를 좌우로 천천히 움직이며 으르렁 문장을 말했다. 당연히 사람들이 말하는 문장은 아니었지만, 그 소리가 너무 분명했어서 모든 진동까지 기억할 정도였다.

우선 한 가지 명시하자면, 스쿠비는 절대로 으르렁거리지 않는다. 그리고 둘째, 더스티는 자주 으르렁거렸다. 그것은 더스티가 자신의 의사를 표현하는 방법 중 하나였고, 그녀는 수다쟁이였다. 나는 죽은 듯이 자리에 서 스쿠비의 눈을 응시했다. 그는 움직이지 않았고, 나 또한 그랬다. 그리고 단어들이 내 입술 밖으로 나왔다. "더스티, 혹시 너니?"

- 린 R., 죠지아 아틀랜타에서

반려동물의 영혼이 우리에게 어떠한 소통의 수단을 통해서라도 메시지를 보내면, 그 메시지는 엄청나게 분명하다. "나의 모든 마음을 담아, 당신을 사랑해요."

11,

엔젤 오브(천사의 구체)

행복이란 우리가 소유할 수 있는 가장 부유한 것이다.

\- 도날드 덕

엔젤 오브란 무엇인가?

삶에서 우리 눈에 보이는 것 말고도 다른 것들도 있는지 궁금해한 적이 있는가? 만약 그런 적이 있다면 엔젤 오브라 불리는 것에 대한 작은 조사를 해 보는 것도 좋을 것이다. 이 오브는 스피릿 오브(영혼의 오브)라고도 불린다.

당신은 몰랐겠지만, 이미 보았을 확률이 높다. 엔젤 오브는 수천 명의 사람들이 디지털 카메라로 포착한 새로운 현상이다.

대부분의 오브는 사진 속에서 완전히 불투명하거나 반투명한 둥근 구체의 형태로 나타난다. 몇몇은 하트나 다이아몬드 모양으로 포착되기도 하였다. 주로 흰색을 띄며, 여러 구체가 다양한 모양과 크기로 관찰되었다. 몇몇은 단단해 보이며, 질감이 있는 것처럼 보이는 것들도 있다. 그리고 대부분이 하얀색이지만, 색깔이 있는 것들도 있다.

오브가 보일 땐, 그저 당신을 격려하거나 사랑받고 있다는 사실을 알려 주려 하는 것일 수도 있다. 아니면 삶이 조금 힘들어졌을 때, 믿음을 잃지 말라고 하기 위해 나타나는 것일 수도 있다.

오브는 천사들이 그것을 알아보는 이들에게 그들의 축복을 나누고, 감사를 표하기 위해 사용하는 간단한 사용하는 방법이다.

오브의 색깔은 무엇을 상징할까?

때때로 오브의 색깔은 그것이 내포하고 있는 기운을 나타낸다. 보통은 당신, 수신자에게 부합하는 기운을 내포하며, 그것이 색으로 나타난다.

다음은 저승의 반려동물이 보내는 메시지를 묘사하는 색깔 목록이다.

- **흰색** - 흰색의 엔젤 오브는 색깔이 있는 오브보다 더 자주 보이는데, 수호천사의 기운이 엔젤 오브를 통해 전달되는 것을 생각하면 이는 이해하기 쉬운 일이다. 또한 다른 오브에 비해 사람들의 눈에 더 많이 나타나고 눈에 띈다. (세상을 떠난 우리들의 반려동물, 사랑하는 이, 또는 영적 가이드들이 수호천사가 될 수 있다.)
- **초록색** - 초록색 엔젤 오브는 수신자에게 신성한 사랑의 형태의 치유의 기운을 보낸다.
- **파란색** - 파란색 엔젤 오브는 능력, 보호, 믿음, 용기 그리고 큰 힘을 전달한다.
- **노란색** - 노란색 엔젤 오브는 당신의 영혼이 된 당신의 동반자를 기억하고 포용해 달라고 말한다. 이 오브를 보낸 천사는 자신의 최고의 선물, 사랑을 포용하라고 한다.

• **분홍색** - 분홍색 엔젤 오브는 강력한 사랑과 평온의 기운을 나눈다. 사랑을 느끼고 평온을 느껴라.

• **빨간색** - 빨간색 엔젤 오브는 지혜의 기운을 갖고 있다. 질문의 답을 찾고 있다면 지적 능력과 깊은 사랑을 통해 강력한 선물을 받게 될 것이다.

• **보라색** - 보라색 엔젤 오브는 변화의 마법을 나누며 영혼이 보내는 사랑을 믿고, 신뢰하고, 받아들이라고 한다.

• **주황색** - 주황색 엔젤 오브의 목적은 전부 용서뿐이다. 당신 앞에 이 신성한 색의 오브가 나타났다면, 용서하라는 것이다. 용서의 대상은 당신 자신, 배반자, 가족의 구성원 또는 친구가 될 수 있다.

• **은색** - 은색의 엔젤 오브는 아름다운 영적 메시지를 전달한다. 영생의 증거를 찾고 있나? 세상을 떠난 당신의 반려동물이나 천사가 가까이 있는지 묻고 있나? 질문의 대답이 당신 눈앞에 나타났다.

• **금색** - 금색의 엔젤 오브는 무조건적 사랑의 존재를 선물한다. 영혼의 사랑보다 더 큰 사랑은 없다.

• **갈색** - 갈색의 엔젤 오브는 대지를 뜻하며, 현실에 기반을 두라고 한다. 너무 많은 시간을 천국에 관련해 보내고 있다면, 햄버거를 먹거나 맨발로 풀밭을 걸어 다녀라. 현실로 돌아올 시간이다.

• **검은색** - 검은색 엔젤 오브는 마법과 미스터리를 전달한다. 삶의 마법이 창조되는 곳이니, 보이지 않은 것을 믿어라.

오브는 (초자연 커뮤니티 내에서는 확실히) 영혼의 존재를 입증하는 증거로 받아들여지고 있다. 이것은 세상을 떠난 반려동물의 본질, 영혼을 표현한다. 스피릿 오브 또는 엔젤 오브가 반려동물, 한 사람, 또는 여러 명의 사람의 사진에 나타나면, 이것은 저승의 반려동물의 영혼과 우리의 천사로부터 축복의 기운과 보호를 받고 있다는 증거이다.

플래시가 장착된 카메라가 있다면, 저승의 반려동물에게 큰 소리로, 또는 조용히 사진에 나타나 달라고 요청할 수 있다. 그들은 생일 파티나 명절 저녁, 콘서트와 같이 기념하거나 축하를 하는 자리의 사진에서 나타나는 것을 특히나 더 좋아한다.

사진을 다운받으면 오브를 찾아보아라. 당신이 모르는 얼굴, 동물 또는 오브 안에 웃고 있는 얼굴을 찾더라도 놀라지 말아라. 어쩌면 오브 안에 당신의 반려동물을 볼 수도 있다. 그렇다. 다른 이들에게 이미 많이도 일어났던 일이다.

몇몇 사람들은 특별한 이로부터 안내나 확신을 필요로 할 때, 사진에서 나타난 그들의 존재가 증명되었다고 보고했다. 우리는 참으로 결코 혼자일 때가 없다. 충분히 운이 좋을 땐 오브를 눈으로 직접 보게 될 때도 있다. 다이앤에게도 이와 같이 일이 일어났다.

나의 고양이 앰버가 세상을 떠난 뒤, 나는 침실에서 지속적으로 밝은 오브를 보았다. 매일 밤 잠자리에 든 후, 오브가 복도에서 내 방으로 들어와 직접 내 위를 맴돌았다. 오브 안에 숫자가 보일 때도 있었지만, 보통은 매우 밝고 아름다웠다. 나는 앰버가 아직도 나와 함께 있다고 말해 준다는 것을 알았다. 내가 다른 고양이를 입양한 뒤, 그녀를 전처럼 자주 보진 않지만, 가끔 새로 온 고양이가 오브가 들어오던 복도를 응시하는 걸 본다.

- 다이앤 B., 뉴욕 마세돈에서

오브 활동은 큰 위안을 주고, 세상을 떠난 반려동물의 에너지가 항상 우리 주변에 있다는 것을 물리적으로 입증할 수 있다. 도나는 자신이 운이 나쁘다고 생각했다. 하지만 그녀의 주위에서 특이한 일들이 일어나자 자신이 운이 좋다는 것을 깨달았다. 그녀는 자신의 엔젤 오브를 눈으로 직접 볼 수 있는 몇 안 되는 사람 중 하나이다.

2년 전 나의 잘생긴 하얀 곱슬 털의 비숑 프리제가 암을 진단받았다. 그의 이름은 행크였으며, 몸무게가 고작 12파운드밖에 나가지 않았다. 슬프게도 그는 암 때문에 안락사를 시킬 수 밖에 없었다. 며칠 뒤, 나는 작은 하얀 물질들이 내 발목 주변을 떠다니는 것을 보았다. 나의 다른 반려견은 자고 있었기 때문에 나는 곧바로 행크가 나를 따라다니고 있다는 걸 알았다. 그가 살아 있을 때 항상 그랬던 것처럼.

- 도나 J., 인디애나 인디애나폴리스에서

오브를 눈으로 직접 보는 것은 꽤 보기 드문 현상이다. 나의 구조견이 저승으로 가는 것을 도왔을 때, 불과 몇 분 뒤 그녀의 스피릿 오브를 두 눈으로 직접 본 것에 굉장히 축복받은 것처럼 느꼈다.

2014년 여름, 나는 주인을 찾지 못하면 결국 안락사를 실시하는 캘리포니아의 유기견 보호소에서 노견 2마리를 입양하였다. 한 마리는 13살의 핏불테리어 믹스의 더스티였고, 다른 한 마리는 8살의 치와와 믹스 스쿠터였다. 그들의 이야기는 너무 슬펐고, 나는 감동받지 않을 수 없었다. 나는 이미 2마리의 반려견과 함께였지만, 털복숭이 아가들이 2마리 더 함께한다면, 우리의 삶이 더 나아질 것이라고 생각했다.

안타깝게도, 더스티는 나의 가장 어린 반려견을 좋아하지 않았다. 그녀는 굉장히 공격적이었고, 각각 다른 개들을 다른 시간대에 공격했다. 다행히도 나에게는 첫 번째 계획이 실패하면 진행할 수 있는 두 번째 계획이 있었다. 그들을 분리시켜 놓고, 그녀가 더 평온해졌을 때 다시 서로를 소개하는 것이었다. 계획은 진행되었고, 모두들 한정된 엄마와의 시간에 잘 적응했다. 더스티와 사랑에 빠지기까진 오래 걸리지 않았다. 그녀는 귀가 거의 들리지 않았고, 시력 또한 끔찍했다. 하지만 그녀의 삶에 대한 투지와 사랑스러운 영혼은 나의 마음을 완전히 녹여버렸다. 하루하루 날이 지날수록, 그녀의 놀라운 성격이 조금씩 빛이 나기 시작했다. 그녀는 테니스 공을 갖고 놀기를 정말로 좋아했다. 전속력으로 달리는 것을 즐겼으며, 독특한 으르렁거리는 소리로 수다를 떠는 것을 굉장히 좋아했다. 새롭게 가족이 된 두 마리의 반려견들은 원래 집에 있던 아이들보다 꿈도 꾸지 못할 정도로 매너가 있었다.

겨울은 빠르게 다가왔고 나는 네 녀석을 모두 합방시켜 사이 좋게 놀게 해야 할 때라는 것을 알았다. 나는 반려견 훈련사를 고용하여 한 번 할 때마다 몇 시간씩 더스티와 다른 아이들과 훈련했다. 그녀는 놀라운 진전을 보였다.

11월이 다가왔고, 난데없이 더스티가 밥을 먹지 않기 시작했다. 이틀째 되던 날, 우리는 동물병원으로 향했고, 얼마 후 그녀가 암이라는 것을 알게 되었다. 그녀는 암이었고, 남은 시간이 얼마 남지 않았었다. 눈물이 멈추지 않았고, 나는 그녀를 위해 울었다. 이 아름다운 아이는 휴식을 가질 틈이 없었다. 그녀의 생모는 세상을 떠났고, 그녀가 아는 유일한 가족은 그녀의 생명을 대수롭지 않게 여기고 그녀를 유기견 보

호소로 데려갔다. 그리고 이제, 그녀는 암에 걸렸다.

11월 11일, 나는 더스티의 마지막 날을 위해 머핀을 구웠다. 나는 그녀가 낯선 이가 주사를 놓게 위해 집에 오면 겁을 먹을 것이라는 것을 알았다. 간식 몇 개가 그녀의 두려움을 완화시켜 주는 데 도움이 되길 바랐다. 나는 그날을 영원히 잊지 못할 것이다. 그녀가 어떠한 자세로 내 무릎 위에 누웠으며, 그녀의 눈에서 눈물을 어떻게 닦았는지 까지도. 나는 그녀를 떠나보내기 싫었다.

더스티가 화장터로 보내진 뒤, 나는 스쿠터와 함께 밖을 걸으며 울었다. 그때, 스쿠터의 몸 주변에 무언가가 움직이는 것을 포착했다. 스쿠터가 좌우로 점프를 뛸 때, 작고 하얀, 반투명 오브 같은 것이 그 주위를 춤추며 맴도는 것을 보았다. 스쿠터는 즐거워하는 것 같지 않았지만, 나는 그것이 그를 귀찮게 따라다니는 게 정말로 귀여웠다. 그의 머리 주변을 날라다니다가 다시 그의 꼬리와, 엉덩이와, 귀를 쫓아다녔다. 더스티가 훔친 것이 나의 마음이어서 진정 영광이었고, 그녀가 영혼의 형태로 스쿠터와 장난치는 것을 두 눈으로 직접 볼 수 있어서 또 영광이었다.

- 린 R., 조지아 애틀랜타에서

혹시라도 자신에게 이것을 꼭 증명하고 싶다면 밤, 특히 보름달이 떴을 때 밖을 산책하며 플래시가 장착된 카메라로 사진을 찍으면 된다. 저승의 반려동물에게 함께해 달라고 부탁하고, 그들이 나타나면 그것을 즐겨라.

저승에서 **사랑이란** 전부이다.

12, 완벽한 타이밍

천국의 바람은 말의 귀 사이에 부는 바람이다.

- 작가 미상(아랍 속담)

영혼을 감지하는 것과 그것이 일어나는 타이밍은 저승에서의 소통과 마찬가지로 서로 관련이 있다. 서로 밀접하게 관련이 있는 두 개 이상의 사건을 경험할 때, 동시성은 중요한 역할을 한다.

저승의 반려동물들은 자신들이 메시지를 보낼 때 가장 자연스럽게 연출할 수 있다. 이런 자연스런 연출은 흔히 영혼과의 연결과 우주의 흐름에 개입하는 것과 관련이 있다. 말티가 그녀의 말이 가까이 있음을 느꼈을 때도 마찬가지였다.

레이디는 나의 아기와도 같았다. 그녀는 아름다운 벨기에 짐수레 말이었으며, 나와 매우 가까웠다. 그녀는 내가 어딜 가든 따라다녔고, 개들이 그러하듯이 우리가 함께 걸을 땐 그녀의 머리를 내 어깨 위에 올려놓았다. 그녀가 세상을 떠났을 때, 나는 가슴이 너무 아팠고 미친 듯이 그녀가 보고 싶었다.

어느 날 오후, 나는 다른 말들에게 먹이를 주고 헛간을 혼자 걸어 지나가고 있었다. 갑자기 난데없이 말의 코 무게가 내 어깨 위에 느껴졌고, 강한 들숨과 날숨이 내 얼굴을 스쳤다. 첫 번째로 내 머릿속에 든 생각은 마구간 중 한 칸을 열어 두어 말 한 마리가 밖을 나왔다는 것이었다. 재빨리 내가 뒤돌아섰을 때, 내 뒤에는 아무것도 없었다.

현재 활동 중인 영매로서, 나는 곧바로 이것이 레이디라는 것을 깨달았다. 그녀는 그녀가 아직도 나와 함께 있다는 것을, 그저 조금 다른 방법으로 함께하고 있다는 것을 알아주길 바랐다. 아주 아름다운 선물로 축복을 받았다-바로 레이디의 사랑으로.

- 말티 T., 네바다 리노에서

린다가 그녀의 고양이와 영적 연결이 되었을 때, 그녀는 자신과 크리스가 만나는 순간이 이렇게 신성할지 몰랐다.

수년 전, 나에게는 라일라포인트 샴(고양이 종류) 크리스가 있었다. 크리스는 매우 사랑스러웠고, 기회만 생기면 내 무릎에 앉았다. 그녀는 나의 가슴 위로 기어올라가, 발 한쪽을 내 목에 두르고, 머리는 내 턱 밑에 둔 뒤, 부드럽게 한숨을 쉬며 내 마음을 얻었다. 80년대 초 그녀가 세상을 떠났을 때, 나는 마음이 너무나도 아팠다.

2010년, 내 남편은 말기암을 진단받았다. 그가 세상을 떠나기 몇 주 전, 아름다운 일이 일어났다. 나는 데크에 앉아 그의 딸과 대화를 나누고 있었는데, 그녀가 갑자기 "저기 봐요. 아기 고양이가 와요"라고 말했다. 내가 뒤를 돌았을 때, 크리스와 똑같이 생긴 샴 고양이가 우리 타운하우스 커뮤니티 공동 구역을 걸어 내려가는 것을 보았다.

고양이는 우리 집 데크까지 걸어와 계단을 올라, 나에게 다가왔다. 고양이가 앉아 나를 쳐다보곤, 내 무릎 위로 점프해 가슴 위로 기어올라 갔다. 발 한쪽을 내 목 위에 두르고, 머리는 내 턱 밑에 두었다. 나

는 어안이 벙벙했다.

몇 분 뒤, 남편 크레이그가 돌아다니는 것이 보여 고양이를 데리고 들어가 그에게 보여 주었다. 내가 고양이를 데리고 그에게 가까이 가자, 고양이는 한쪽 발을 그에게 뻗었다. 내가 데크로 돌아가자 고양이는 돌아갔고, 그 뒤로 영원히 볼 수 없었다. 나는 남편이 세상을 떠나고, 그의 영혼이 보낸 신호를 받을 때까지 이 고양이가 무엇을 뜻하는지 알 수 없었다.

나는 길가를 따라 돌아다니며 그 고양이의 보호자가 어디 있는지 찾았지만, 아무도 고양이를 데리고 있지 않았고, 심지어 닮은 고양이도 없었다. 그 고양이는 나의 크리스와 정말로 똑같았다. 색깔도, 그리고 하는 행동도. 그 고양이가 바로 나의 샴 고양이였다는 것을 반박할 수 있는 이유가 전혀 없었다. 크리스는 그날, 나와 그녀가 알지도 못하던 내 남편을 위로해 주기 위해 나타났던 것이다.

- 린다 M., 캐나다 해밀턴에서

영혼은 우리가 삶이 작게 조언하는 소리에 귀를 기울일 때 감지할 수 있다. 삶은 우리에게 관심을 갖고, 저승에서 보내온 신호를 따르고, 눈앞에서 펼쳐지는 인생의 길을 보라고 상기시켜 준다.

저승에서 보내는 신호의 타이밍은 굉장히 현실적이고, 타이밍 자체 또한 반려동물의 영혼이 보내는 놀라운 메시지가 될 수 있다. 에델이 딸의 반려동물을 돌봐 주겠다고 자원했을 때, 그녀는 자신이 영혼과 만나게 될 것이라고는 전혀 예상치 못했다.

딸이 주말 동안 출장을 가야만 한다며 자신의 집에 머무르며 반려견들을 돌봐 달라고 부탁했다. 딸은 최근에 남편을 잃어 슬픔이 그녀의 삶을 망가뜨리고 있었다. 내가 딸을 위해 해 줄 수 있는 최소한은 그녀의 털복숭이 자식들을 돌봐 주는 것이었다.

그날은 평상시와 다름없는 날이었다. 여느 때와 다름없이 집 안에 들어서자 딸의 그레이트 데인들이 우당탕거리며 나를 짓밟았다. 하지만 딸이 이 거대한 개들을 왜 사랑하는지 알 수 있었다. 그들은 엄청난 사랑꾼들이었으며 침투성이 입맞춤을 해 주는 것을 좋아했다.

개들의 식사 시간에 가장 나이가 많은 제이크가 시끄럽게 짖어 대며 미친듯이 뛰어다니기 시작했다. 나는 하던 일을 멈추고 무슨 일인지 확인을 하러 갔다. 모퉁이를 돌자 나는 개들과 거의 부딪힐 뻔했다. 제이크는 방에서 무언가를 뒤쫓고 있었고, 가장 어린 스칼렛도 곧바로 제이크를 뒤따랐다. 완전히 아수라장이었고, 솔직히 나는 그 장면에 겁을 먹었다. 개들이 내 눈에는 보이지 않은 무언가를 쫓아가며 짖고 있었다.

나는 부엌에 서서 그들이 멈추기만을 기다렸다. 그리곤 갑자기 난데없이 개들이 바닥을 가로질러 무언가를 돌격했다. 큰 하얀색과 하늘색의 빛을 띠는 안개가 제이크의 꼬리 쪽에 매달려 있었다. 숨이 턱하고 막혔다.

20분 동안의 멈추지 않는 달리기 끝에 상황이 진정됐다. 나는 딸에게 울면서 전화하여 집이 귀신에 씌었으니 지금 당장 이사를 해야 한다고 말했다. 그녀는 웃음을 터뜨리며 남편 해리가 다녀간 것이라고 말했다. 해리가 살아 있을 때 개들과 항상 그렇게 놀아 주었고, 그래서 그가 그녀와 함께 집에 있다는 것을 알 수 있다고 했다. 내가 해리의 영혼을 눈으로 직접 보았다는 것이 믿기지가 않았다.

내 아름다운 딸과 그녀의 멋진 남편이 사랑의 암호를 푸는 것이었다.

- 에델 B., 사우스 캐롤라이나 힐튼 헤드에서

이렇게 완벽한 타이밍을 경험할 때, 우리는 사실 영혼과 연결됨과 동시에 우주의 흐름에 개입한다. 로라의 작은 포메라니안이 세상을 떠나고 며칠 뒤, 로라의 딸이 반려견의 영혼을 목격하였다. 그때의 감정을 그저 놀라움이라고 말하기엔 너무 과소평가된 표현일 정도였다.

나의 포메라니안 놀라는 거대한 핏불테리어 믹스 유기견에게 공격을 당해 세상을 떠났다. 그 일이 일어났을 때, 자식들은 휴가 중이었고, 전화로는 무슨 일이 있었는지 절대 말할 수 없었다. 놀라는 우리에게 가족이었고, 아이들이 알게 되면 정말로 마음 아파할 것을 알고 있었다. 그들이 집에 돌아온 날 밤, 나는 소식을 전했지만 놀라의 죽음에 대한 세부적인 내용까지 밝히지는 않았다. 그저 놀라가 수술이 필요했고, 살아남지 못했다고 이야기했다. 여덟 살 딸은 눈이 빠지도록 울었다.

그리고 얼마 후, 딸이 나에게 다가와 말했다. "엄마, 놀라가 방금 거실에서 엄청 큰 갈색 개한테 뒤쫓겨 도망갔어요." 그리고 딸이 나에게 무슨 일이 일어났는지 보여 주었다. "그 개가 놀라를 공격했어요!" 나는 자리에 앉아 너무 놀랐다. 내 딸이 놀라의 죽음에 대해 세부적인 사실을 알 수 있는 방법은 없었다. 절대로. 의심할 여지없이 놀라가 우리와 함께 있었던 것이다.

- 로라 P., 미시시피 포플라빌에서

반려동물의 영혼을 감지하는 것은 황홀한 경험이 될 수 있다. 우리가 삶의 작은 조언 소리를 듣고 저승의 반려동물이 보내는 신호를 목격할 때, 신성한 사랑이 우리 마음을 부드럽게 안아 준다.

13,

가족의 반려동물

> 만약 천국에는 개가 없다면, 나는 죽어서 개들이 간 곳으로 가고 싶다.
>
> \- 윌 로저스

가족과 함께하는 반려동물은 드러나지 않은 큰 축복이다. 어린 아이들과 마찬가지로, 동물들도 영혼을 볼 수 있다. 보기만 할 뿐만 아니라 냄새도 맡고, 소리도 듣고, 영혼을 따라갈 수도 있다.

반려동물이 영혼을 본다는 증거가 있냐고 묻는다면 명확한 증거가 있다고 말하긴 힘들다. 하지만 당신의 반려동물이 당신의 눈에는 보이지 않는 무언가를 향해 집 구석에 짖어 대는 것을 본 적이 있다면, 그/그녀가 영혼을 본다고 할 수 있는 확률이 높다.

우리의 반려동물들도 다른 어느 누구와 마찬가지로 육감을 갖고 있다. 그들은 소리를 잘 듣는 것뿐만 아니라 냄새를 엄청나게 잘 맡기도 한다. 그들의 감각은 훨씬 강력하고, 우리의 감각과 매우 다르다. 그들의 동체 시력은 훨씬 고조되어 있고, 후각은 인간의 것보다 만 배는 더 강력하다. 일반인의 4배나 좋은 청각을 갖고 있는 그들이니, 당연히 영혼의 소리조차 더 잘 들을 수 밖에 없다.

그들은 자신이 무엇을 보고, 듣고, 맡았는지 소리 내어 설명하고 전달할 방법이 없기 때문에 그들이 영혼과 연결된 귀중한 순간에 정확히 무슨 일들이 일어나는지 알 길이 없다.

반려동물들은 우리에게 영혼을 탐지하는 가장 좋은 수단이 될 수 있다. 그들이 우리가 볼 수 없는 무언가를 쫓아가거나, 짖고 하악질을 하거나, 등, 목, 꼬리의 털을 곤두세우는 것은 영혼과 그들의 연결이 굉장히 강하다는 숨길 수 없는 신호이다. 재넷이 아버지와 자매를 떠나보낸 뒤, 그녀의 소중한 반려견이 그들이 그녀의 주변을 함께 할 때마다 알려 주었다.

내가 소파에 앉아 눈이 빠지도록 울고 있으면 나의 반려견 쿠퍼가 짖기 시작할 때가 자주 있었다. 그러면 나는 아무것도 없는 곳을 응시하는 그를 바라보았다. 그리고 그 순간마다 공기가 달라지는 듯한 느낌을 받았다. 아버지와 자매의 체취가 나거나, 방 안의 그들의 존재를 느낄 수 있었다. 하지만 항상 가장 먼저 그들을 알아보는 것은 쿠퍼였다. 쿠퍼는 나의 보는 눈이 돼 주었다.

- 재넷 M., 인디애나 라파예트에서

최근 설문조사에 의하면, 반려동물 보호자의 40% 이상이, 그들의 반려동물에게 육감이 있다고 믿는다고 한다. 우리는 오랜 세월 동안 우리의 믿음에 먼 길을 걸어왔다. 동물들의 뛰어난 감각을 과학적으로도 증명하는 것이 어렵다면, 누가 반려동물들이 우리 가족의 영혼을 느끼지 못한다고 확언할 수 있겠는가?

2014년 11월 린의 남편이 예상치 못하게 세상을 떠나고 며칠 뒤, 린은 그녀의 반려견이 이상한 행동을 하는 것을 알아차렸다.

남편이 숨을 거둔 다음 날 아침 일찍, 나는 우리의 붉은 단모 닥스훈트 진저가 이상한 행동을 한다는 것을 알아차렸다. 그녀는 일어나자마자 침대에서 그녀 위의 무언가에게 낑낑거리며 울기 시작했다. 그녀의 머리는 마치 누군가가 쓰다듬어 주고 있듯이 위아래로 움직였다. 그녀의 울음은 슬픔의 울음이었고, 과거엔 그녀에게서 한 번도 들어보지 못한 소리였다. 나는 그녀에게 "남편이 지금 여기 있니?"라고 물었지만, 당연히 그녀가 대답을 할 리가 없었다. 그녀가 하는 모든 행동이 그녀가 알고 있고, 그녀를 사랑하는 누군가와 함께라는 것을 보여주었다. 바로 그녀의 아빠, 나의 남편이었다. 진저는 아빠와 함께 그의 안락의자에 앉아 있길 매우 좋아했었는데, 그날 이후, 단 한 번도 안락의자 위에 올라가지 않았다.

- 린 P., 플로리다 팜 항구에서

반려동물들이 영혼을 볼 수 있을까? 당신이 나에게 이 질문을 한다면, 나는 매우 분명하게 그럴 수 있다고 말할 것이다.

2007년 나의 15살짜리 치와와 찰리가 숨을 거뒀을 때, 나는 굉장히 상심해 있었다. 그의 죽음에 비통해 한 만큼, 나는 그의 작은 친구 또한 그를 얼마나 보고 싶어 할지 전혀 몰랐다. 엔젤은 밥을 먹으려 하지 않았다. 그녀는 13살이었고, 찰리는 그녀가 알고 있는 전부였다. 그녀는 그저 7주가 되었을 때 우리 가족이 되어 평생을 찰리와 함께 자랐다.

찰리가 세상을 떠난 다음 주, 엔젤이 부엌 입구에 앉아 있는 것을 보았을 때 나는 거실을 가로질러 걸어가던 중이었다. 나는 그녀를 보기 위해 자리에 멈췄다. 평소 같으면 나를 감지하고 달려왔을 그녀였지만, 이 때는 전혀 내가 근처에 있다는 걸 알지 못했다. 대신 천장 모서리 한 곳을 응시하기만 했다.

나는 그녀의 눈길이 향한 곳을 올려다 보았지만, 아무것도 볼 수 없었다. 몇 분이 지나도록 그녀는 청장 모서리를 뚫어져라 바라볼 뿐이었다. 나는 결국에 그녀에게 더 가까이 다가가 무엇을 보고 있냐고 물었지만, 놀랍게도 그녀는 내가 말을 걸어도 전혀 반응하지 않았다. 그래서 나는 그녀 옆에 몸을 숙여 그녀가 한 그대로 같은 곳을 향해 무엇이라도 찾아보려 했지만 아무것도 없었다. 적어도 내 눈에는 아무것도 보이지 않았다.

내가 그녀를 만질 때까지, 그녀는 전혀 움직이지 않았다. 나는 그녀가 듣고 있던 것이 찰리의 소리였는지, 아니면 다른 천사와 같은 존재였는지 모른다. 아마도 찰리였을 거라 짐작한다. 어쩌면 찰리가 그녀에게 자신은 잘 지내고 있으며, 그녀도 괜찮아질 것이라고 알려 주었던 걸지도 모른다. 내가 이 이야기를 하는 이유는, 그날 밤 이후로 그녀가 다시 먹기 시작했기 때문이다. 엔젤은 계속해서 때때로 많이 슬퍼하기도 했지만, 많은 사랑과 관심 속에서 천천히 다시 나에게로 돌아왔다. 동물들이 영혼을 볼 수 있냐고? 나는 그렇다고 믿는다.

- 린 R., 조지아 애틀랜타에서

아이들과 마찬가지로 이승의 반려동물 또한 영혼을 볼 수 있다. 우리가 조금만 관심을 갖고 그들의 행동을 관찰한다면, 그들의 뛰어난 감각으로 영혼을 감지하는 데 도움을 받을 수 있다. 마치 써니가 그녀의 세상을 떠난 고양이의 존재를 알림받은 것처럼 말이다.

우리의 로트와일러 베이비 걸이 세상을 떠나고 일 년 뒤, 남편과 나는 그녀가 집 주변을 걸어 다니는 것을 언뜻 보았다. 우리는 그녀가 거실에 들어오거나 바닥에 누워 있는 모습을 꽤 여러 번 보았다. 그리고 우리의 또 다른 반려견, 치와와 두 마리가 방구석에 짖어 댈 때가 있었다. 베이비 걸은 집의 수영장을 사랑했다. 두 치와와가 수영장 옆으로 가 마치 그녀가 수영장 안에 있듯이 요란하게 짖어 댈 때가 많았다. 그리고 마치 그녀가 살아생전 그랬듯이 치와와들이 그녀를 귀찮게 굴 때 그녀가 그들을 흘겨보는 것을 느낄 수 있었다. 이제 남편과 나는 치와와들이 수영장을 향해 짖어 댈 때 서로에게 눈을 마주친 뒤 말한다. "베이비 걸 안녕, 우린 네가 너무나 보고 싶어." 그녀는 12살까지 살았고, 굉장히 사랑스런 영혼의 소유자였다.

- 써니 W., 플로리다 노스 항구에서

반려동물이 영혼을 본다는 증거가 있냐고? 당신의 반려동물을 보고 알아보아라.

제3장

천국에서 보낸 자연적 신호

14,
무당벌레

나는 모든 동물이 신이 인간을 살려 두기 위해 창조했다고 믿는다.

- 이와오 후지타

무당벌레는 저승의 헌신적인 동반자들이 즐겨 사용하는 사랑과 보호를 상징하는 신호이다. 이 작은 자연의 경이로움은 놀라운 선물이다.

무당벌레의 출현이 행운의 시간을 뜻한다는 것은 널리 알려진 사실이다. 그들이 주는 영적 보호는 악화와 격앙으로부터 방패막이 되어 준다. 그리고 소소한 것들이 우리 삶을 망치지 않을 수 있도록 우리가 주의할 수 있는 기회를 준다.

무당벌레가 나타나는 것은 항상 행운으로 여겨졌다. 이와 반대로 그들을 죽이는 것은 불운으로 여겨진다. 몇몇 전통은 무당벌레가 손바닥 위에 있는 사이 소원을 빌면, 다시 날라갈 때 소원도 함께 우주로 날려 보내져 성취된다고 한다.

이 신비한 무당벌레는 우주의 중심, 지나온 삶(과거), 영적 깨달음, 죽음과 부활, 재생, 갱생, 성취된 소원, 용감함, 보호, 행운 그리고 보호(책의 오타인지 같은 단어가 두 번 반복되었습니다.)로 연결되는 황금 가닥을 지니고 있다. 이건 이렇게나 작은 생물이 안고 가기에는 엄청나게 큰 책임이다.

그들의 출현은 새로운 행복을 뜻한다. 주로 이 행복은 물질적 이익을 뜻한다. 무당벌레는 새로운 행복이 곧 일어날 것이라는 신호로 볼 수 있다. 그들은 우리의 높은 포부가 곧 쉽게 달성될 수 있다고 알려 준다.

무당벌레가 우리에게 가르치려 하는 것은 무엇일까?

무당벌레는 우리에게 진실한 삶을 사는 것을 두려워 말라고 한다. 그들의 메시지는 분명하다 – 당신의 진실을 보호하고, 그것이 당신이 존중할 당신의 진실이라는 것이다. 그리고 인생은 짧으니 걱정과 두려움을 떨쳐 버리라고 한다. 영혼을 믿고, 삶을 즐기라고 말한다.

그렇다면 당신의 반려동물은 무당벌레를 통해 어떤 메시지를 보내려 하는 것일까?

무당벌레는 사랑, 보호 그리고 행운을 상징한다. 저승의 반려동물은 무당벌레를 우리 삶에 나타나게 해 우리가 보호받고 있다는 것을 알려 주려 한다. 그들의 메시지는 분명하다. "나는 당신의 수호 천사이자 보호자예요. 당신을 향한 나의 사랑을 당신을 꽉 감싸 안아 안전하게 보호하고 있어요." 그리고 이제 우리의 꿈을 물리적 현실에 실현시키기 시작해도 좋다고 말해 준다.

가장 중요한 것은, 저승의 반려동물이 우리가 무조건적인 사랑을 받고 있다는 것을 알려 준다는 것이다. 린의 경험은 신성한 사랑의 훌륭한 예시가 되어 준다. 그녀는 자신이 이렇게 특별한 선물을 받게 될 것이라고 상상도 하지 못했다.

나의 붉은 단모 닥스훈트 진저가 14살 정도였을 때였다. 과거 2년

정도 동안 건강 문제가 있었고, 점차 쇠약해져 가는 것이 보였다. 2주 전, 그녀는 음식을 섭취하는 것을 멈추었고, 나는 그녀를 보내 줄 때가 되었다는 것을 알았다.

진저의 유골을 돌려받고, 나는 그녀에게 신호를 보내 달라고 부탁했다. 그렇게 내가 받은 신호는 독특하고도 창의적이었다. 엄마가 돌아가시기 전, 그녀는 무당벌레로 나와 내 두 딸들에게 신호를 보내겠다고 약속했다. 그리고 나와 딸들이 그녀에게 신호를 보내 달라고 할 때마다 엄마는 너그럽게 신호를 보내 준다.

딸은 쇼핑몰에 갔는데, 그녀가 몰을 나서면서 어린 소녀가 줄이 달린 풍선 두 개를 갖고 있는 것을 보았다. 풍선 하나는 무당벌레였고, 다른 하나는 닥스훈트였다. 딸은 재빨리 나에게 문자를 보냈다. "진저가 할머니랑 같이 있어요." 반려동물과 우리의 관계는 굉장히 강하며, 죽음은 그저 그 관계를 더 강하게 만들었을 뿐이다. 나는 언제가 우리가 다시 또 함께할 것이라는 것을 안다.

- 린 P., 플로리다 팜 항구에서

사랑은 저승의 반려동물과 관계를 이어 나가는 데 가장 중요한 요소이다. 그들의 신호를 받는 것은 우리 삶의 관점을 바꾸는 데 진정으로 도움이 될 수 있다. 건너편 세상에서(저승에서 이승으로) 축복과 사랑을 받고 있구나 하는 것이 바로 미시가 그녀의 핏불테리어로부터 선물을 받았을 때 느낀 감정이었다.

아이들은 활동이 정말 많은 십 대였고, 남편은 항상 일을 했다. 내 인생이 혼돈의 시기였을 때 샌디가 나의 삶에 들어왔다. 내가 아침에

공원을 등산하고 있을 때, 개 한 마리가 숲 속에서 걸어 나왔다. 그녀는 머리부터 발끝까지 더러운 핏불이었다.

가까이 다가가면 갈수록, 그녀의 꼬리는 더 빨리 움직였다. 내가 속보로 그녀 곁을 지나가자, 그녀는 빠르게 나의 손을 냄새 맡았다. 나는 그녀에게 멈추지 않고 계속해서 걸어갔다. 그럴 시간이 없었고, 개에게 사랑을 줄 시간은 더더욱 없었다. 차에 도착해 물을 꺼내려 트렁크를 열었다. 그런데 갑자기 어디선가 무엇이 휙 하고 지나갔다. 그 더러운 개가 차 뒷좌석에 앉아 있었다.

그녀는 우리의 삶을 바꿔 놓았다. 그녀의 털이 모래색(모래가 영어로 sand이다.)이어서 우리는 그녀를 샌디라고 이름 지었다. 그녀는 핏불테리어였고, 굉장히 아름다운 핏불이었다. 우리는 그녀에게 홀딱 빠져버렸고, 특히나 남편이 그랬다. 샌디는 그의 개였다. 그가 어디를 가든 그녀는 항상 함께였다. 그가 잔디를 깎을 때면 샌디는 잔디깎기가 끄는 짐수레에 탔다. 그가 샤워를 하러 화장실에 가면, 그녀는 문 앞에서 그를 기다렸다.

샌디는 우리 가족이었다. 어느 날 오후 그녀가 아프다는 것을 알았을 때, 우리의 세계가 무너지는 것만 같았다. 사실, 잠시 동안은 정말로 그랬다. 우리는 그날 밤 샌디를 잃었다. 그녀와 함께한 아름답고도 행복했던 13년 후, 그녀의 작은 삶이 급정지됐다. 나는 슬픔에 빠졌다.

그녀가 세상을 떠나고 이틀 뒤, 나는 저녁을 준비하고 있었다. 우유를 꺼내러 냉장고에 갔다가 문을 닫았을 때, 무언가가 움직이는 것을 봤다. 무당벌레 한 마리가 샌디의 사진을 서둘러 지나가고 있었다. 몇 분 뒤, 남편이 차고에서 들어오면서 소리쳤다. "여보! 이것 봐! 무당벌레 한 마리가 내 가슴에 앉았어. 내가 두 번이나 털어 냈는데도 계속해

서 돌아와." 그리고 우리는 동시에 말했다. "샌디?"

그날 밤이 돼서야 우리는 확실히 알았다. TV를 보고 있는데 무언가 멀리서 움직이는 것이 보였다. 무당벌레 한 마리가 그녀의 유골함에 있는 사진을 기어 지나가고 있었다. 우리는 같이 울기 시작했다. 그제서야 우리는 그녀가 우리와 소통하려 하고 있다는 것을 알았다. 여기서 최고였던 점은 그 사진이 바로 우리가 몇 년 전에 찍어 준, 코에 무당벌레가 앉은 채 그녀가 크게 미소 짓는 근접 사진이라는 것이었다. 샌디는 무당벌레를 사랑하고, 우리는 그녀의 사랑의 신호를 사랑한다.

- 미시 R., 앨라배마 엔터프라이즈에서

저승에서 사랑이란 전부이다. 영혼이 된 우리 가족들은 우리가 그들과 소통하고 싶어 하는 만큼, 우리와 소통하고 싶어 한다. 새로운 언어를 배우는 것은 어렵지만, 영혼의 언어를 습득하는 것은 더 어렵다. 저승의 반려동물과 소통하는 것은 우리의 삶을 영원히 바꿔 놓을 수 있다. 바로 리사의 삶이 바뀌었던 것처럼 말이다. 그녀는 그녀의 반려묘와 소통했을 때, 모든 것이 괜찮아질 것이라는 것을 알았다.

올해 초, 나는 나의 태비(얼룩무늬) 고양이가 무지개다리를 건너는 것을 도와야만 했다. 그의 이름은 오스카였고, 그는 나의 가장 친한 친구였다. 그는 그저 평범한 고양이가 아니었다. 그는 고양이 변기가 아닌 사람 변기를 사용하는 법을 스스로 터득했고, 내가 집에 돌아오면 나를 문 앞에서 반겨 주었고, 내 무릎에 몇 시간이고 앉아 있던 고양이였다. 그가 세상을 떠났을 때 나는 엄청난 충격에서 헤어 나오지 못했다. 나는 슬픔을 가눌 수 없을 정도로 울었다.

다음 날, 나는 창밖을 멍하니 바라보며 아침 커피를 마시고 있었다. 당연히 오스카를 생각하며 울고 있었다. "오스카, 사랑해"라고 소리 내어 말한 지 몇 초 되지 않아, 무당벌레 한 마리가 창문 위를 기어 지나갔다. 그리고 한 마리가 더 나타났다. 그리고 또 한 마리가. 그때, 나는 오스카가 신호를 보내는 것이라는 걸 알았다. 오스카는 무당벌레를 통해 나에게 그가 지금 함께 있고, 그도 나를 사랑한다고 말했다.

- 리사 M., 사우스 캐롤라이나 콜롬비아에서

저승의 반려동물과 소통하는 법을 배우는 것은 노력의 마지막 한 방울까지도 가치가 있다. 막대한 인내심과 엄청난 양의 연습을 필요로 하지만, 인생이 바뀌는 보상이 뒤따른다.

킴이 더 큰 그림에 눈을 떴을 때, 그녀는 그녀의 삶이 송두리째 바뀔 것이라는 것을 알았다.

나의 14살짜리 저먼 셰퍼드 로키가 세상을 떠나고 며칠이 지나고, 나는 천장을 바라보며 앉아 있었다. 슬픔에서 헤어 나오질 못해 자주 바닥, 천장, 벽을 멍하니 쳐다볼 때였다. 하지만 그날 아침은 천장의 실링팬 날 위에 무당벌레 한 마리가 기어가고 있는 것을 발견했다. 하지만 다음 날까지, 그것에 대해 별다른 생각을 하지 않았다.

먹을 것이 필요해, 음식을 사러 운전을 하고 나갔다. 나는 슬픈 생각을 떨쳐 내기 위해 라디오를 켰다. 소리를 켜기 위해 스테레오 손잡이를 향해 손을 뻗었을 때, 내 손에 무당벌레 한 마리가 앉았다. 흔들어 쫓아낼까 생각도 했지만, 그 짧은 찰나의 순간, 혹시나 이게 로키가

보내는 신호가 아닐까 하는 생각이 번뜩 들었다. 나는 음식을 사러 차 밖을 나서기 전에 계기판 위로 무당벌레를 옮겨 주었다.

차로 돌아왔을 때, 무당벌레 한 마리가 아닌 여러 마리가 함께 있는 것을 보고 너무 놀랐다. 총 14마리의 무당벌레가 있었다. 로키의 나이와 같았다. 이게 신호인 것일까? 신호가 맞았다. 사랑과 지지를 해 주기 위해 아직도 그가 내 곁에 있다는 것은 크나큰 축복이다.

- 킴 W., 플로리다 페리에서

저승에서 사랑이란 전부이다.

15,
붉은 울새

인간만이 자유와 공간을 찾는 유일한 동물은 아니다.

\- 앤서니 D 윌리엄스

울새의 붉은 가슴에 대한 전설은 예수 그리스도의 재림까지 걸쳐 올라간다. 예수 그리스도가 십자가에 박혀 어려움에 처했을 때, 울새만이 그의 머리 굴레에서 가시를 빼내 주려 했다고 한다. 울새는 그리스도의 곁을 지키며 빛을 제외하고는 아무것도 가까이 오지 못하게 했다고 한다. 그의 용감한 행동에, 그리스도의 피 한 방울이 가슴에 새겨졌고, 그때부터 울새들은 자랑스러운 붉은 가슴을 갖게 되었다고 한다.

수컷 울새들은 영역 다툼에 몰두할 때, 서로에게 큰 소리로 노래를 부른다. 이 독특한 행위는 울새가 창의적인 기운을 가질 수 있도록 돕는다. 그들은 목소리를 사용해 자연 속에서 영적인 존재가 되는데, 우리에게 직감을 믿고, 삶을 나아가며 우리 자신만의 노래를 부르라고 상기시켜 준다.

울새의 알은 아주 연한 청색을 띈다. 이는 사람 목의 차크라를 활성화시킬 때 자주 사용되는 색이다. 목의 차크라는 소통과 표현을 뜻하고, 알은 새로운 삶을 상징한다. 본질적으로, 울새는 우리에게 모든 일에 있어 자신을 긍정적이게 표현하는 방법을 배우라 한다. 두려워할 것은 없고, 우리 자신에 대한 믿음을 회복시키면 새로운 방향으로 안전하게 이끌어질 것이라고 한다.

울새는 자신의 능력을 믿고, 인생의 올바른 길이 정확한 시간에 드러나게 될 것을 믿으라고 한다.

붉은 울새가 우리에게 가르치려 하는 것은 무엇일까?

붉은 울새는 우리에게 어느, 그리고 모든 변화도 즐거움과 웃음으로 만들어질 수 있다는 것을 알려 준다. 그들은 품위와 인내 그리고 끈기와 함께 앞으로 나아가는 법을 보여 준다. 그리고 믿음과 신뢰와 함께 새로운 시작을 맞이하는 법을 가르쳐 준다. 그들의 영적 메시지는 매우 아름답다: 새로운 삶의 시작을 위해 당신만의 노래를 불러야 할 시간이다.

그렇다면 당신의 반려동물은 붉은 울새를 통해 어떤 메시지를 보내려 하는 것일까?

울새는 전통적인 봄의 전령이기도 하다. 그들이 우리 앞을 지나가면, 삶의 여러 분야에서 새로운 성장이 일어날 것을 예측할 수 있다. 저승의 반려동물이 울새를 통해 신호를 보낼 때 그들의 메시지는 특별하다. "나의 기운을 느끼고 당신의 기운을 돋게 해 주세요. 당신을 믿고 당신의 영혼을 믿어요. 그리고 나를 믿어요. 어느 방향으로 가야 하는지 당신은 이미 알고 있어요. 그러니 그냥 가세요. 그러면 모든 것이 제자리를 찾게 될 거예요."

붉은 울새보다 더 훌륭한 메신저는 없다. 지속적으로 자신을 믿고, 영혼을 믿으라 하는데, 어떻게 잘못될 수 있을까? 니콜의 가장 친한 친구로부터 메시지를 받았을 때, 그녀는 그녀의 메신저를 믿었다.

나의 닥스훈트, 제니의 유골을 돌려받고 집으로 돌아왔을 때, 울새 한 마리가 차고 밖에서 나에게 걸어왔다. 나는 곧바로 그것이 제니가 나에게 보내는 신호라는 것을 알아차렸다. 눈물이 눈에 가득 고인 채, 나는 무릎을 꿇고 가만히 앉아 울새가 내 주위를 깡총거리며 돌아다니도록 했다. 그것은 놀랍고도 영원히 잊지 못할 경험이었다.

- 니콜 B., 매사추세츠 벨몬트에서

당신을 믿어라. 당신의 반려동물을 믿어라. 당신은 혼자가 아니다.

16,

매

아무리 마음이 슬퍼도 계속해서 믿는다면 바라는 꿈이 이루어질 거야.

- 신데렐라

매는 하늘을 날고 도달할 수 있는 능력을 상징한다. 그들은 하늘 높이 솟아올라 손쉽게 천국에 도달할 수 있다. 뛰어난 메신저이며 영혼의 세계와 소통할 수 있다.

그들은 하늘의 보호자이자 선지자이다. 그들은 더 높은 단계의 지각을 향할 수 있는 열쇠를 거머쥐고 있다. 모든 매가 갖고 있는 능력 중 하나는, 보이는 것과 보이지 않는 영역 사이를 품위를 갖고 움직일 수 있으며, 두 세계를 함께 결합시킬 수 있다는 것이다. 또한 자신들의 넓은 시야로 미래의 모습을 볼 수 있다. 이것은 인간에게 예언적 통찰을 뜻한다.

내가 강력한 매의 신호를 받았을 때, 나는 이 신호가 나의 작은 엔젤, 16살 치와와에게서 오는 것이라는 걸 알 수 있었다. 엔젤이 세상을 떠나고 불과 몇 분 뒤, 매가 나타났다.

엔젤을 떠나 보낼 때, 나의 가슴은 산산조각이 났다. 그녀를 내 품에 안겨 있지 않고 동물병원을 떠나는 것은 너무나도 부자연스러웠다.

그것은 내가 경험한 가장 힘든 일 중 하나였다.

집으로 운전해 돌아오는 길, 나는 차 앞의 길을 거의 볼 수 없었다. 눈이 빠지도록 울고 있었고, 엔젤이 천국에서 잘 지내고 있다는 신호를 애원했다. 나는 그녀가 안전하게 저승에 도착했다는 걸 알아야만 했다. 고통스러운 15분 동안, 나는 아무것도 얻을 수 없었다. 아무것도. 내가 집으로 돌아가는 마지막 턴을 했을 때, 나는 어안이 벙벙했다.

엄청나게 큰 새 한 마리가 하늘 높이 솟아오르며 내 트럭 쪽을 향했다. 몇 초만 늦어도 트럭에 치일 것만 같아 차의 속도를 줄였다. 나는 굉장한 충격 속에서 그 거대한 새가 트럭의 그릴 앞으로 바로 날라와 천사처럼 후드 위로 빠르게 날아오르는 것을 보았다. 나는 브레이크를 밟고 밖으로 튀어 나가 새가 어디로 갔나 살폈지만, 내 시야에 들어오지 않았다. 그렇게 사라져 버리고 말았다.

그리고 깨달았다. 방금 그 새는 아름다운 매였다. 나는 집에 도착하자마자 나는 매의 영적 의미를 찾았고, 예언적 메신저를 뜻한다는 것을 알았다. 내게 필요한 것은 그게 전부였다. 나의 사랑스런 아기, 엔젤이 무지개다리를 안전하게 건넜고, 그녀가 나에게 보낸 신호는 이 놀라운 새, 바로 매였다.

- 린 R., 조지아 애틀랜타에서

매는 영적 의식을 발달시키는 데 완벽한 동반자이다. 그들은 모든 것과 하나가 되는 것을 의미한다. 매는 천국의 새이며, 우리의 영적 발달과 의식을 유도하는 데 꼭 필요한 변화를 주선한다.

매는 우리에게 무엇을 가르쳐 줄까?

매는 우리에게 일상적 경험에서 의미를 찾는 능력을 준다. 그들이 우리에게 전달하는 메시지 중 많은 것은 생각과 믿음으로부터 우리를 자유롭게 하는 것이다. 삶에서 높이 솟아올라 더 큰 그림을 보게 해 주는 것을 제한하는 것들로부터 자유롭게 하는 것이다. 더 높이 올라 큰 그림을 엿볼 수 있게 해 주는 능력이 우리가 살아남고 번영하게끔 도와준다.

제이크는 그의 그레이트 데인이 암으로 세상을 떠났을 때, 그를 영영 잃은 줄로만 알았다.

무스는 왕의 심장을 가진 감성적인 개였다. 그는 나의 가장 친한 친구였고, 그래서 그가 아팠을 때 나는 가슴이 찢어지는 듯 했다. 그가 고통스러워 할 때, 슬프게도 나는 그가 나의 삶을 풍성하게 해 준 것에 감사하는 것 빼고는 해 줄 수 있는 게 없었다. 그와 함께한 10년이라는 세월 동안, 그는 나의 삶을 송두리째 바꿔 놓았다.

그가 세상을 떠나고 다음 날, 나는 홀로 데크에 앉아 있었다. 평소 같았으면 무스가 내 무릎에 앉아 나와 함께 해가 지는 것을 바라볼 시간이었다. 숲이 내 땅과 맞닿아 있어 새들의 활동을 많이 보는 건 흔한 일이었다. 하지만 그날, 무스가 나와 함께하길 바라고 있을 때, 큰 새 한 마리가 난데없이 나타난 것은 좀처럼 있는 일이 아니었다. 내가 단 한 번도 보지 못한 새였고, 날개폭이 몇 마일은 되는 것만 같았다. 내가 보기에는 그랬다.

그 새가 나와 불과 몇 피트 떨어진 난간에 앉았을 때, 숨이 턱 하니 막혀 버렸다. 나는 내가 도망을 가야 할지, 아니면 가만히 있어야 할지 확신이 서지 않았다. 나는 후자를 선택했다. 서로를 응시하며, 나는 내 앞에 서 있는 새가 굉장히 거대하고 아름다운 붉은 꼬리 매라는 것을 알아차렸다. 그가 전혀 두려워하지 않고 있다는 것이 느껴졌다. 길고 긴 5분 동안 우리는 서로를 바라보았고, 매는 날개를 펼쳐 숲속으로 날아갔다.

나는 매우 놀랐고, 솔직히 말해 그 짧은 몇 분 동안 무스의 죽음에 대한 슬픔은 전혀 느껴지지 않았다. 그리곤 최근에 어디선가 매는 예언적 메신저라는 내용을 읽었던 것을 기억했다.

가능한 일이었을까? 나는 생각했다. 나는 이 놀랍고도 멋진 경험이 무스가 보낸 신호라는 것을 받아들이기로 했다. 이 세상을 떠나고도 계속해서 존재할 수 있다는 것을 믿기로 선택했다. 나는 내가 그러한 선택을 했다는 것이 매우 기쁘다. 왜냐하면 내가 약하게 느껴지고 마음이 아플 때마다 매가 나타나기 때문이다. 무스가 미치도록 보고싶을 때마다 매가 나타나기 때문이다. 무스는 이승에서 나와 함께할 때 나를 사랑했고, 영혼이 되어 전보다 더 나를 사랑하고 있다. 나는 운 좋은 아빠이다.

- 제이크 E., 메인 컴벌랜드에서

반려동물들은 매를 통해 어떤 메시지를 보내려 하는 것일까?

눈이 감긴 채, 환영이 나타난다. 우리가 보지 못할 때, 가장 많은 것이 보인다. 당신 앞에 매가 나타난다면, 메시지가 전달된 것이고, 해석이 필요하다는 것을 유의해라. 이 놀라운 새는 더 높은 단계의 지각과 의식의 순환을 향할 수 있는 열쇠를 거머쥐고 있다.

우리의 사랑스런 반려동물이 이 놀라운 새를 당신에게 보낼 때, 그들이 보내는 메시지는 용감하다. "나 여기 있어요. 사랑해요. 당신

에게 깨달음이 곧 다가올 거예요. 당신과 함께하게 해 주세요."

매가 당신의 삶에 나타나면 그들이 보낸 메시지에 세심해지고, 당신의 직관을 받아들여라. 당신의 반려동물이 당신에게 연결되어 당신이 신성한 사랑을 받고 있다는 것을 알리려 하는 것이다.

17,
붉은 홍관조

> 당신 안에 있는 삶의 불꽃이 우리 모든 동물 친구들 안에서도 튀고 있다는 사실을 잊지 마라. 살고자 하는 욕망은 우리 모두에게 같다.
>
> - 라이 아렌

붉은 홍관조는 활력의 상징이며, 개인의 힘의 영역까지 안전하게 길을 안내하여 목표와 꿈을 이루도록 한다. 인내와 직관 그리고 놀라운 힘의 균형을 맞출 수 있도록 돕는다.

붉은 홍관조는 내세의 큰 상징이기도 하다. 많은 이들이 죽음 직전과 후에 홍관조를 목격했다고 보고했다. 추가적으로, 보고에 따르면 사랑하는 이나 반려동물을 잃은 뒤, 붉은 홍관조가 자주 보이거나 꿈에 나타난다고 한다.

붉은 홍관조는 수컷의 화려한 색깔 때문에 쉽게 눈에 띈다. 가장 인기가 많은 새 종 중 하나로, 밝고 발랄한 색깔 때문에 크리스마스나 겨울철에 자주 연관지어진다.

자연에서 홍관조의 붉은색은 매우 상징적이다. 희망참을 상징하며, 상황이 암울하고 절망적으로 보여도 믿음을 잃지 말라고 상기시켜 준다.

눈부신 붉은 색과 힘찬 목소리로, 홍관조는 군중 속에서도 눈에 띈다. 아무것도 관심을 끌지 못하는 슬픔과 비통의 시기에는, 오히려 단순한 붉은 새가 우리의 관심을 끌 수도 있다. 앤이 충격에 빠져있을 때 바로 그런 일이 일어났다.

게일이 세상을 떠나고 며칠 뒤, 홍관조가 우리 집으로 날아 들어왔다. 게일은 나의 9살된 초콜릿 래브라도 리트리버였으며, 마음과 외모 모두 아름다운 개였다. 그녀는 항상 몸에 지방 조직이 나타나 있었는데, 그중 하나가 암이라는 것이 밝혀졌다. 짧은 몇 주 뒤, 그것은 그녀의 생명을 앗아갔다.

아들이 나가면서 문을 열어 두었는데, 그래봤자 1분 정도 동안이었다. 그리고 나서 보니 빨간 새 한 마리가 내 옆에 있는 의자 뒤에 앉아 있었다. 나는 매우 놀라 그를 응시하였다. 그는 주위를 둘러보며 머리를 몇 번 곧추세우더니 재빨리 나타난 것처럼 재빨리 다시 밖으로 날아가 버렸다. 내가 매일같이 소중히 여기는 놀라운 선물이었다. 게일에게 신호를 보내 달라고 할 때마다, 그녀는 붉은 홍관조를 날려 보내준다. 그리고 나는 신호를 받는 즉시 위안을 느낀다.

- 앤 F., 미시간 플레전트에서

붉은 홍관조는 우리에게 무엇을 가르쳐 줄까?

홍관조의 목소리는 힘차고 분명하며, 중요한 느낌을 나타낸다. 이 힘찬 새는 우리에게 진실을 표현하고, 자신감을 발전시키고, 대화를 나누는 법을 가르쳐 준다. 우리가 그들의 가르침을 존중하면, 그것은 우리를 집으로 인도할 것이다.

반려동물들은 붉은 홍관조를 통해 어떤 메시지를 보내려 하는 것일까?

붉은 홍관조는 중요성과 믿음을 상징한다. 이 새가 종종 뜻깊은 내용을 전달하는 메신저로 선택되는 것은 놀라운 일이 아니다. 메시지의 내용은 이렇다. "영혼이 당신과 함께 있어요."

저승의 반려동물들은 홍관조를 통해 우리가 열정과 따뜻함 그리고 힘을 얻을 수 있다고 알려 준다. 특히나 우리가 어두운 슬픔에 가려져 있을 때 말이다.

반려동물들이 그들이 선호하는 선물로 붉은 홍관조를 우리에게 보낼 때, 그들은 매우 아름다운 메시지를 전한다. "나는 바로 여기 당신과 함께 있어요. 당신이 나를 생각할 때 내가 당신 곁에서 따뜻함과 힘을 주고 있다는 것을 알아주세요. 사랑해요."

저승의 반려동물들은 항상 그들이 우리 곁에 있다는 것을 알리려 한다. 딕시 또한 이것을 너무도 잘 알고 있었다. 그녀의 손녀가 멋진 선물을 전달했을 때, 그녀는 상당히 놀랐다.

나는 닐라가 나에게 홍관조를 보내는 것이라고 굳게 믿는다. 닐라는 나의 11살 시베리안 허스키였다. 우리는 너무나 가까웠기에, 그녀가 미치도록 보고 싶다. 그녀는 낭종 제거 수술을 받고 몇 주 뒤 세상을 떠났다.

하루는 암컷 홍관조가 수컷 홍관조와 함께 여기에 와 나는 그것을 이상히 여겼다. 밝은 붉은색의 수컷만큼 암컷은 흔히 보이지 않기 때문이다. 그날 오후 나의 다섯 살 난 손녀가 놀러 왔을 때, 손녀도 암컷 홍관조를 보고는 외쳤다. "할머니, 저건 할머니의 닐라예요."

그녀의 신호는 그녀가 아직 나와 함께하고 있다는 것을 알려 주고,

그것이 나에게 큰 위안이 되어 준다.

- 딕시 M., 오하이오 데이턴에서

페이지가 그랬듯이 신호를 보내 달라 부탁하는 것은 정말로 괜찮은 일이다. 그녀의 바셋 하운드가 세상을 떠나고, 그녀는 자리에 앉아 그에게 계속해서 영적으로 연결되어 있어 달라고 말했다.

찰리는 덩치가 큰 바셋 하운드였고, 그의 삶을 사랑했다. 그는 자신이 하는 행동이나 만지는 모든 것에 즐거움을 표했다. 그는 자신의 큰 덩치보다 더 큰 호기심을 갖고 있었으므로, 고양이가 되었어야 했다. 슬프게도, 이웃집 강아지가 점프를 뛰어 울타리를 넘어와 찰리를 공격했다. 상처는 너무나도 컸고, 그는 공격을 받고 이틀 후 세상을 떠났다. 나의 가슴이 찢어지는 듯했다. 하지만 나는 그가 영원히 떠나 버렸다는 것을 믿지 않았다. 나는 그의 영혼에게 말을 하기 시작했고, 그가 잘 지내고 있다는 것을 알 수 있게 작은 신호 하나만 보내 달라고 했다.

다음 날, 나는 붉은 홍관조 한 마리가 나를 따라다니고 있다는 것을 알았을 때 뒤뜰에 나와 있었다. 그는 마치 찰리처럼 굉장히 시끄러웠다. 그는 촐랑거리며 돌아다니며 재빨리 나의 관심을 사로잡았다. 나는 그것이 찰리가 보낸 신호라는 것을 알았다. 그는 아직까지도 나에게 매일같이 위안을 주고 있다.

- 페이지 D., 사우스 캐롤라이나 햄튼에서

붉은 홍관조는 삶의 순환에서 당신 자신이 개개인으로서 중요하다는 것을 알려 준다. 당신은 신성한 사랑을 받고 있다.

18,

비둘기

> 수많은 사람들이 동물들에게 말을 한다. 하지만 많은 이들이 듣지는 않는다. 그것이 문제다.
>
> \- 벤자민 호프

비둘기 소리는 새로운 시작에 큰 희망을 주는 우아한 노래이다. 그들은 차분한 구구대는 소리로 우리의 영혼에게 대화하고, 내면의 감성을 자극시킨다.

비둘기는 대지와 하늘의 연결을 뜻한다. 부드럽고 차분하게 구구대는 소리와 순한 외면은 하늘의 메신저로서의 그들의 명성을 높여 준다.

그들은 이승의 의무에서 해방된 영혼을 상징하기도 한다. 또한 아주 고요한 마음으로 생각을 새롭게 정리하게 해 주는 가장 강력한 종류의 평온을 가져다 준다. 이렇게 고요한 순간, 인생의 단순한 것들에 진심으로 감사할 수 있다.

비둘기의 노랫소리는 육체적 세계와 영적 세계의 경계가 가장 얇은 이른 아침과 늦은 밤에 들린다. 이는 그들이 어떻게 두 영역의 연결을 뜻하는지 보여 준다. 브랜디가 그녀의 메시지를 알아보았을 때, 그녀는 상상했던 것보다 더 많은 사랑과 평온을 느낄 수 있었다.

토토는 내 인생의 사랑이었다. 그녀는 나에게 오즈의 마법사에 나오는 작은 마법사와 같았고, 나는 그녀를 너무나 사랑했다. 그녀는 멋진 10년을 나와 함께 보낸 뒤, 수면 중 세상을 떠났다. 나는 큰 충격에 휩싸였다. 그녀가 숨을 거두고 사흘 뒤, 창밖을 보고 있는데 밝은 흰색의 비둘기가 문턱에 앉아 유리를 통해 나를 응시하고 있었다. 얼마 전 나는 '비둘기를 보는 것은 천국의 반려동물을 보는 것이다'라는 말을 들은 적이 있었다. 토토가 천국에서 나를 보러 방문한 것이었다. 순간 내가 느낀 평안은 너무나도 강렬했고, 내 영혼의 우울함을 모두 날려 보내 주었다.

- 브랜디 M., 미시간 랜싱에서

비둘기는 평온을 가져오는 동물이다. 그들은 온화함을 이해한다. 평온의 기운을 지니고 있으며, 우리 앞을 기다리고 있는 좋은 일들을 위해 부정적인 생각, 단어, 마음을 떨쳐 내라고 상기시켜 준다. 그들이 전달하는 평온은 우리가 다음과 같은 그들의 선물을 받을 수 있게끔 해 준다.

- 정서적 치유
- 육체적 치유
- 정신적 치유
- 영적 치유

비둘기는 우리에게 무엇을 가르쳐 줄까?

비둘기는 우리의 상황에 상관없이 평온은 항상 가까이에 있다는 것을 가르쳐 준다. 조화와 평온은 항상 우리 안에 있으며, 언제든지

얻을 수 있다. 우리 삶에 비둘기가 나타나 우리에게 내면 속 과거와 현재의 정서적 불화를 보내 주라고 말한다.

반려동물들은 비둘기를 통해 어떤 메시지를 보내려 하는 것일까?

저승의 반려동물의 신호는 그들의 마음 중앙에서 우러나온다. 그들의 메신저가 당신에게 닿는다면, 그것 또한 신호이다. 당신의 사랑스러운 반려동물이 비둘기를 당신에게 보낸다면, 그들은 매우 아름다운 메시지를 보내는 것이다. "지나간 일을 애도하되, 미래의 가능성에 깨어 있어야 해요. 새로운 미지와 삶은 여전히 가능해요. 나는 여기 당신과 함께 있어요."

내가 당신을 안내할게요.

19,
벌새

내가 받은 축복에 감사하면 감사할수록, 더 많은 축복이 나를 찾는다.

- 알랜 H. 코헨

최고의 속도로 움직임과 동시에 한자리에 죽은 듯이 머물러 있을 수 있는 유일한 생물체인 이 작은 새는 어느 상황에도 손쉽게 적응할 수 있다. 그들은 다른 메신저들이 할 수 없는 방법으로 사랑을 가져다주고, 완벽한 모습으로 나타나 보는 이들에게 즐거움을 선사한다.

이 신비스러운 작은 불가사의는 자연에서 굉장히 상징적인 존재이다. 그들은 절대적으로 가장 큰 환희의 기운을 뜻한다. "메신저"로 간주되는 벌새는 시간을 멈추는 자 또는 치유자로 알려져 있다.

이 참으로 아름다운 새의 날개의 움직임(날개짓)에 대해서는 얼마 알려져 있지 않다. 날개는 무한대 기호 모양으로 움직이며, 영원성, 지속성 그리고 무한성과의 연결을 강화시킨다. 또한 벌새는 부활을 상징한다. 그들의 몸은 추운 밤엔 죽은 듯이 동면을 하고, 동이 트는 아침에는 다시 생명을 얻는다.

벌새는 우리에게 무엇을 가르쳐 줄 수 있을까?

뒤로도 날 수 있는 그들은, 과거를 돌아보고 죽은 반려동물과의 특별한 기억을 추억해도 괜찮다고 알려 준다. 그리고 후회와 죄책감은 불필요하다고 말해 준다.

벌새는 꽃 위를 맴돌고 달콤한 꿀을 먹으며 우리에게 매 순간을 살고, 진정으로 사랑하는 이들에게 감사해야만 한다는 것을 보여 준다. 그리고 삶 속에서 좋은 일들과 하루, 하루 속의 아름다움을 찾아내라고 알려 준다.

벌새는 우리의 마음을 연다. 그들은 그들의 특별한 사랑으로 우리의 마음을 닫게 만든 고통으로부터 낫게 해 주고, 다시 자유롭게 삶을 탐험할 수 있도록 해 준다. 질의 경험은 아주 작은 것으로부터 사랑을 찾는 훌륭한 예시가 되어 준다. 그녀의 미니 돼지가 세상을 떠난 후, 그녀는 그런 기쁨을 벌새에게서 다시 느낄 수 있을 것이라고는 꿈도 꾸지 못했다.

행크가 세상을 떠나고, 한 친구가 나에게 아직도 그가 존재한다는 것을 보여 주는 신호를 찾아보라고 했다. 나는 지구 상에서 굉장히 운이 좋은 몇 안 되는 사람들 중 하나인, 죽음에 대한 경험이 굉장히 제한적인 사람이었다. 이 때문에, 나는 사후 세계나 저승에 대한 지식이 전혀 없었다. 나는 정말로 저승으로 간 이와의 대화가 가능하다고 믿고 싶었지만, 그것을 내 눈으로 직접 확인하기까지는 믿지 않을 것이라는 것 또한 알고 있었다.

하지만 나는 자아 발견의 여정을 시작했다. 나는 정보를 위해 온라인 검색을 했다. 블로그를 읽고 또 읽었으며, 페이스북에서 몇몇 그룹에 가입하였고, 애니멀 커뮤니케이션과 저승에서의 신호에 대한 책을 몇 권 구입했다.

행크가 세상을 떠나고 몇 주 뒤, 나는 문 앞 계단에 앉아 그를 생각

하며 그가 천국에서 잘 지내고 있는지 궁금해했다. 그리고 갑자기 난데없이, 부드럽게 윙윙대는 소리가 머리 주변에서 들렸다. 하지만 내가 돌아보았을 땐, 아무것도 보이지 않았다. 그것은 내가 머리를 들자마자 다시 일어났다. 참으로 아름다운 벌새 한 마리가 내 두 눈앞에 나타났다.

벌새가 내 앞에서 빠르게 양 옆으로 움직이며 나를 똑바로 응시했다. 나는 천천히 손을 내밀었고, 놀랍게도 그 가벼운 생명체가 내 손가락 위에 앉았다. 여태까지 단 한 번도 경험하지 못한 일이었고, 최근에 벌새가 영혼의 메신저가 되어 준다는 글을 일었던 것이 생각나며, 나는 의심할 여지없이 이 마법과도 같은 일의 배후에 나의 미니 돼지 행크가 있다는 것을 깨달았다. 그날 이후로, 내가 문 앞 계단에 갈 때마다 몇 분 안에 벌새들이 내 옆에 나타난다. 행크의 영혼이 나의 곁에 있다는 신호이다.

- 모니카 D., 미시시피 브루스에서

벌새가 전달하는 메시지의 뜻은 무엇일까?

우리의 충실한 동반자들이 이 놀라운 신호를 통해 본질적으로 무조건적인 사랑과 헌신 그리고 경이로운 아름다움을 전달한다. 우리가 벌새를 바라볼 때, 벌새의 화려함과 빠른 날갯짓을 바라보느라 순간 시간이 멈춘다. 우리는 감동과 사랑을 받고, 가장 큰 행운을 선사받는다.

시간이 멈춰 서는 것은 종종 사랑에 빠진 지 몇 달 되지 않은 새로운 연인과 관련이 있다. 벌새는 매우 용감하며, 포식자를 두려워하지 않는다. 이러한 모습은 사랑이 무엇이든 이겨 낼 수 있다는 것을 상징한다. 죽음까지도.

벌새가 우리에게 주는 가장 큰 선물을 바로 그들의 메시지이다. 인생의 가장 달콤한 꿀은 우리 내면에 있다. 저승의 반려동물이 이 사랑스런 새를 그들의 신호로 선택하여 보낼 땐, 굉장히 특별한 메시지가 전달된다. "우리의 사랑은 무엇이든 이겨 낼 수 있어요. 죽음까지도요. 나는 여기 당신과 함께 있어요."

어떻게 벌새가 저승의 반려동물이 보낸 신호라는 것을 알 수 있을까?

가장 쉬운 방법은, 우리가 벌새를 만났을 때 어떤 감정을 느끼는지 보는 것이다. 기쁨을 느끼는가? 사랑이 느껴지는가? 이 작은 경이가 저승의 반려동물이 보낸 메시지가 아닌지 생각하는가? 이렇게 당신 자신을 먼저 확인하고 당신이 받은 신호가 무엇을 뜻하는지 분석하여라.

사건의 흥분이 조금 가라앉을 때까지 메시지가 보이지 않는 경우가 있다. 티나가 처음으로 벌새의 메시지를 접한 때가 이런 경우의 완벽한 예시가 되어 준다.

남편은 우리 반려견 쉘비가 세상을 떠나기 오래 전, 크루즈 한 대를 구입했다. 쉘비가 떠난 지 세 달이 지나고도, 나는 그녀를 떠나보내는 것에 대해 무척이나 죄책감 들어 했다. 우습게 들린다는 것을 알지만, 나는 그녀가 말로 표현하지 못할 정도로 그리웠다.

십 년 전, 나는 한 친구와 함께 반려견 보호소의 개들을 산책시켜 주고 운동시켜 주는 자원봉사를 했다. 두꺼운 철창 뒤, 콘크리트 칸 안에서 4살짜리 쉘비가 엄청나게 슬퍼하고 무서워하며 심하게 떨고 있

었다. 그리고 놀라울 것도 없이, 날씨 또한 시끄럽게 비가 오고 얼음장같이 추웠다. 나는 나중에 그녀가 알고 있던 그녀의 유일한 보호자가 불과 몇 시간 전 보호소에 버리고 갔다는 것을 알게 되었다. 이유는? 그녀 뒤를 청소하는 데 지치고 질렸기 때문이었다. 그녀가 갑자기 느꼈을 충격을 상상하니 뱃속이 뒤틀렸다. 나는 그녀의 새로운 보호자가 되게 해 달라고 간청했고, 사흘 뒤, 그녀는 우리 집에 왔다. 쉘비를 만난 건, 내 인생에 일어난 일 중 최고의 일이다. 그녀와 나 사이의 유대관계는 엄마와 자식 사이의 유대관계와 같았다. 그녀는 그냥 개가 아니었다. 그녀는 반쯤은 사람이었고, 때묻지 않은 사랑으로 완전히 가득 차 있었다.

나는 남편과 크루즈를 타고 바다로 향했다. 어느 날 오후, 우리는 바다 한 가운데 크루즈 데크 위에서 눈앞의 아름다운 광경을 바라보고 있었다. 쉘비에 대해 이야기하고 있는데 난데없이, 그리고 마법과도 같이 벌새 한 마리가 우리 앞에 나타났다. 정말로 벌새였다. 새는 떠나기 전까지 2분 정도 동안 우리 곁은 맴돌았다. 남편이 외쳤다. "방금 저거 진짜 일어난 거야?" 그랬다. 정말로 일어난 일이었다. 쉘비도 우리와 함께 크루즈에 타 있던 것이다.

- 티나 J., 플로리다 주피터에서

벌새는 다른 메신저들이 할 수 없는 방법으로 사랑을 전달한다.

20,
깃털

우리가 동물들의 마음을 읽을 수만 있다면, 사실만을 찾을 것이다.

- 안소니 더글라스 윌리엄스

더 높은 차원의 영적 진화를 상징하는 깃털은 종종 평온과, 환희 그리고 가벼운 기분을 뜻한다. 또한 저승의 영역과 직접적인 연결로 여겨진다.

무엇보다도, 모든 깃털은 우리에게 선물로 주어진다. 길을 가다 깃털을 발견하면, 이는 우리가 받아들이든 말든, 영적 여정을 하고 있다는 뜻일 수 있다. 또한 깃털은 우리 여정을 격려하는 상징이 될 수도 있다.

깃털은 천사가 가까이 있을 때 나타난다. 이건 정말 사실이다. 신성한 깃털의 아름다움을 보려면 특별한 순간과 성스러운 공간이 필요하다.

깃털을 찾는 데 멋진 점은, 천사와 저승의 반려동물들이 우리에게 사랑, 입증, 위안을 줄 적절한 타이밍에 깃털을 보낸다는 것이다. 깃털을 찾을 때는 우리가 변화를 만들려 할 때나, 충성스러운 반려동물에 대한 특별한 추억을 기억할 때나, 무언가 또는 누군가에 대해서 걱정을 할 때일 수 있다. 그리고 저승의 반려동물이 우리 가까이에 있고, 그것을 우리가 알고 있기를 바란다는 뜻이기도 하다.

이러한 일의 완벽한 예시가 앤젤라의 반려견 윈스톤이 세상을 떠나고 그녀에게 한 번도 아닌 여러 번 일어났다.

17주 전, 나는 내 인생의 사랑, 나의 반려견인 로데시안 릿지백 윈스톤을 잃었다. 그가 세상을 떠나고, 나는 어딜 가나 하얀 깃털을 보았다. 나는 윈스톤 말고도 두 마리의 반려견이 있는데, 그들과 산책 중일 때마다 하얀 깃털을 보았다. 때때론 산책이 끝날 때도 나타났다.

최근에 다른 두 반려견 중 더 어린 오티스를 산책시키고 몸을 말리기 위해 데크에 나와 있게 해 놓았을 때였다. 우리 집 데크 위에는 비바람을 막아 주는 유리 지붕이 있는데, 양 옆이 열려 있음에도, 마치 폐쇄된 구조처럼 보이기 때문에 새들이 날아 들어오는 경우는 없었다. 나는 오티스를 들여보내려 데크에 갔다가 죽은 듯이 멈춰 섰다. 데크 위에 하얀 깃털이 있었다. 평범하게 생긴 깃털이 아니었다. 특별하고 솜털처럼 보송보송한 깃털이었다.

나는 윈스톤의 기운이 항상 나와 함께한다는 것을 알고 있다. 그의 신호는 나에게 평온과 위안을 준다.

- 앤젤라 T., 노스 요크셔 해러게이트에서

깃털은 우리가 가는 길에 메시지를 보내기 위해 놓여진다. 산책을 가다가 잔디 위에 놓여진 것을 볼 수도 있고, 차에 탔을 때 옆 좌석에 놓여 있거나, 현관 옆에서 볼 수도 있다. 그리고 어찌된 일인지, 깃털이 있다는 사실을 우리가 놓치는 때가 없다. 깃털 하나를 주울 때마다, 우리가 적절한 장소에 적절한 시간에 있다는 것을 의미한다.

베티와 그녀의 남편은 그들이 사랑하는 친구를 잃어 가장 큰 비통에 빠져 있을 때 깃털을 발견해 놀랐다.

나는 마음이 복잡할 때, 속으로 천국에 계신 어머니께 대화를 한다. 그리고 나면 항상 집 안에서 어머니가 보낸 깃털을 찾는다. 지난 2월, 나는 내 인생에서 가장 힘들었던 일을 해야만 했다. 내가 자식만큼 사랑했던 나의 개, 피위를 동물병원으로 데려가 안락사시켜야만 했다.

나는 가슴이 무너지도록 울었고, 숨을 거둔 피위를 차 안에 태우자마자, 깃털 하나가 내 앞에 떨어졌다. 나는 나의 아기, 피위가 괜찮을 것이라는 완벽한 신호임을 알았지만, 그것이 그와의 이별을 덜 고통스럽게 해 주진 않았다.

몇 달 뒤, 나는 나의 다른 개, 랭글러 또한 안락사시켜야만 했다. 고통은 견뎌 내기에 너무 컸다. 남편은 랭글러와 특히나 더 친했다. 13년 동안 매일같이, 남편은 랭글러를 데리고 나가 도넛을 사 주었다. 랭글러가 세상을 떠나고 다음 날, 남편은 자신의 트럭에 기대어 주체할 수 없을 만큼 흐느껴 울었다. 나는 랭글러가 항상 그와 함께일 것이라고 말하며 남편을 위로해 주려 했다.

남편에게 위로의 말을 몇 마디 건넸을 때, 아래를 내려다보았다. 트럭 문에 아름다운 하얀 깃털 하나가 놓여져 있었다. 우리가 항상 함께라는 것을 알려 주는 완벽한 신호였다. 나는 모든 깃털을 보관해 액자를 만든다. 저승의 반려동물과 계속해서 이어지는 사랑은 정말로 놀랍다.

- 베티 제인 H., 뉴저지 그로션에서

깃털은 우리가 의미가 넘치는 세상에서 살고 있다는 것을 상기시켜 준다. 때때로 깃털은 우리가 인생의 다른 단계로 지나가고 있을 때 나타나 안심을 시켜 주기도 한다. 우리가 사랑받고 있고, 저승에서 우리를 지켜보고 있다는 것을 말해 준다. 그리고 우리가 전체의 일부임을 알려 준다. 깃털은 우리의 통찰력을 깨울 수 있는 기회를 준다. 또한, 영적인 의미에서 새로운 시작, 진실, 사랑, 가벼움 그리고 비행을 뜻할 수도 있다.

다음번에 우리가 깃털을 찾을 때는, 우리의 사랑하는 반려동물과 천사들이 우리와 함께 있다고 상기시켜 주는 것으로 볼 수 있다.

깃털은 우리에게 무엇을 가르쳐 줄 수 있을까?

새들은 모든 동물들과 대화할 수 있는 지식을 지녔다. 모든 깃털은 영혼과 신성함과의 타고난 연결과 연관되어 있다. 깃털은 우리에게 물리적 시간과 공간을 넘어 자신을 열라고 가르쳐 준다.

반려동물들은 깃털을 통해 어떤 메시지를 보내려 하는 것일까?

반려동물들은 어떤 상황에서도 위안, 희망, 사랑을 주며 그들이 우리와 함께 있다는 것을 알려 줄 완벽한 방법을 안다. 그들은 깃털을 통해 매우 특별한 메시지를 보낸다. "내가 여기 당신을 보살피며 당신과 함께 있어요. 내 영감을 받아 새로 높이 솟아오르세요."

추가적인 이점으로, 깃털의 색깔을 통해 저승의 반려동물이 보낸 메시지를 해석할 수 있다.

- **흰색**: 당신의 천사들이 당신 곁에 있다.
- **노란색**: 축하한다. 당신은 올바른 길을 가고 있다.
- **파란색**: 영혼과 함께하도록 부름을 받고 있다. 당신의 초자연적 능력이 펼쳐지고 있다. 당신의 직감을 믿어라.

- **분홍색**: 사랑이 당신 주변을 감싸고 있다. 굉장히 특별한 일이 당신을 곧 찾아올 것이다.
- **회색**: 당신이 삶이 정신없이 바빴다. 이제는 평화가 함께할 것이다.
- **검은색과 흰색**: 변화가 일어날 것이니, 찾아보아라.
- **검은색**: 당신이 깨어 있는 동안 반려동물의 영혼이 당신의 모든 에너지를 지키고 있다. 당신은 진정으로 사랑받고 있다.

당신의 헌신적인 동반자는 항상 당신과 함께하고, 소통하려 한다. 깃털이 나타날 때면 당신의 반려동물이 곁에 함께 있다는 사실을 잊지 말아라.

21,
나비

> 우리의 완벽한 동반자는 다리가 절대로 4개 미만일 수가 없다.
>
> - 작가 미상

축하, 변화, 새로운 시작, 시간 그리고 가장 중요하게 죽음 이후의 다시 태어남을 상징하는 나비는 기쁨과 평온 그리고 사랑의 메신저이다.

우리가 변화를 생각할 때 머리 속에 떠오르는 이미지는 나비의 변화이다. 산들바람 위에 떠다니는 이 작고 아름다운 생명체는 기쁨 한 조각을 흠모하는 이의 가슴에 직접 전해 준다.

우리가 흔히 생각하지 못하는 것은 애벌레에서 나비가 되기까지의 놀라운 여정이다. 그들의 성장 과정은 변태과정(metamorphosis)이라고 불린다. 이는 변화 또는 형태의 전환을 뜻하는 그리스어이다.

나비는 물리적 육체가 변하면 옛 형태에서 벗어날 방법을 찾아야만 한다. 애벌레 때 만든 부드러운 껍질을 파서 번데기를 벗어나 새로운 세계로 모험을 떠나게 된다.

나비는 크게 4가지(알, 애벌레, 번데기, 성충) 형태로 존재한다. 그리고 많은 이들이 우리 또한 그렇다고 생각한다. 예를 들어, 우리 또한 수정란이 어머니의 자궁에 착상되고, 애벌레와 같이 세상에 태어나 유일한 목표는 먹고, 배변하고, 기어가는 것이다.

죽음에 이르러서는 잠들어 있는 번데기의 상태와 비슷해지는데, 번데기에서 나비가 나오듯이 우리의 의식은 육체에서 벗어나 영혼이 다시 태어난다. 나비의 변화하는 모습을 관찰해 보면, 그들의 본성이 상징하는 것이 우리와 얼마나 밀접한 관련이 있는지 알 수 있다.

이런 자연의 경이는 놀라운 상징이다.

나비는 순간의 메신저이다. 그렇기 때문에 많은 이들이 나비를 저승에서의 신호로 알아본다. 또한 변화의 과정을 상징하며 저승의 반려동물이 즐겨 사용하는 신호이다. 줄리가 그녀의 골든 리트리버로부터 신호를 받았을 때, 그녀가 느낀 기쁨은 헤아릴 수 없을 정도였다.

블론디가 세상을 떠나고, 나는 여태껏 느껴보지 못한 슬픔을 경험했다. 나의 형제자매, 어머니, 조부모님들은 모두 세상을 떠나셨고, 나는 그들 모두의 죽음에 비통해 했다. 그렇기 때문에 죽음의 어두운 슬픔이 마음을 삼켜 버린다는 것을 알고 있었다. 나의 자매가 살인되었을 때는 다른 이들의 죽음보다 더 어둡고 큰 슬픔을 견뎌야만 했다. 하지만 나의 14살짜리 골든 리트리버 블론디를 잃었을 때는 마치 자식을 잃은 것만 같았다. 울음을 멈출 수가 없었다.

그녀가 세상을 떠나고 일주일 뒤, 나는 쓰레기를 버리러 나가고 있었다. 차도 끝에서 돌아오는 길에 하얀 나비 한 마리가 나를 따라 오는 것을 보았다. 나를 그저 따라오기만 한 것이 아니라, 셀 수 없을 정도로 여러 번 내 머리 주위를 돌았다. 나는 혹시 블론디가 아닐까 생각했지만, 생각은 집 안으로 들어오며 가라앉았다. 한 시간 후, 나는 마실 것을 가지러 부엌에 갔다. 부엌에 들어서자, 나는 믿지 못할 광경

에 제자리에 섰다.

조리대 위, 블론디가 먹던 약 바로 옆에, 아까 그 나비가 앉아 나를 똑바로 응시하고 있었다. 나는 재빨리 이것이 블론디가 나에게 보내는 신호라는 걸 깨달았다. 블론디처럼 순백의 색을 띠고 있던 신호는 삶의 메신저였다. 나는 이제 저승에서의 신호를 믿는다.

- 베벌리 W., 켄터키 콘스탄틴에서

저승의 반려동물이 보낸 신호라는 것을 어떻게 알 수 있을까?

나비는 종종 우리가 전혀 예상치 못한 순간에 나타난다. 정원을 가꾸거나, 파티오에 앉아 있거나, 산책을 하러 갔을 때, 나비 한 마리가 날갯짓을 하며 당신 앞에 나타나거나 어쩌면 당신 근처나 당신 위에 앉을 수도 있다. 나비가 나타나면 그들을 쫓아내지 말아라. 그들이 자신의 모습을 드러내며 당신의 관심을 사로잡은 것은 매우 좋은 이유에서이다.

나비는 우리에게 무엇을 가르쳐 줄 수 있을까?

나비는 공기(바람)의 힘이며, 산들바람 끝에서 두둥실 날아다닐 수 있는 능력이 있다. 그들은 꽃들 사이에서 춤을 추며 나타나 우리에게 삶을 너무 심각하게 받아들이지 말라고 한다. 우리에게 기쁨을 일깨워 주며 기운을 내고 변화를 찾아보라고 한다.

나비는 삶의 끝없는 순환을 상징하며, 성장과 변화가 우리가 믿도록 만들어진 것만큼 충격적이지 않다고 가르쳐 준다. 변화는 우리가 원하는 만큼 부드럽고 기쁘게 일어날 수 있다.

이러한 자연의 경이는 실제로 굉장히 놀라운 상징이다. 다음번에 나비가 어디선가 난데없이 나타난다면, 잠시 시간을 내어 자리에 앉아 보아라. 그리곤 자신에게 질문해 보아라. "혹시 이게 나의 반려동물이 보낸 메시지일까?" 이 간단한 질문을 하는 것만으로, 우리는 영혼과 대화할 수 있는 새로운 방법에 마음을 열 수 있다.

우리가 영적으로 성장함에 따라, 나비의 색깔 또한 개인적인 메시지를 전달할 수 있다. 그들이 나타날 때마다 색깔을 기록하는 습관을 들이는 것이 좋다. 그들이 각각 지닌 신성한 의미가 당신의 일상생활에 관해서, 또는 어쩌면 선택한 인생의 여정에 대해서도 답을 줄 수 있다. 당신이 마주치는 나비의 색을 노트나 휴대폰에 간단히 기록할 수 있다.

여러가지 색깔이 무엇을 상징할까?

- **흰색**: 당신은 반려동물의 영혼과 신성하게 연결되어 있다. 당신을 위해 그려진 큰 그림을 보아라.
- **보라색**: 신호가 당신 주변을 둘러싸고 있다. 직감을 믿어라. 당신을 진실을 알고 있다.
- **파란색**: 당신의 천사의 영혼과 대화해도 괜찮다. 소통은 관계를 지속하는 데 중요한 열쇠이다. 대화해라.
- **초록색**: 이 사랑은 강렬하고, 당신을 돌봐 주고, 따뜻하다. 계속해서 신호를 찾아라. 당신의 연결은 순수하다.
- **노란색**: 당신의 마음은 당신의 가장 큰 자산이다. 새로운 시작을 써 나가라. 꿈은 정말로 이루어진다.
- **주황색**: 새로운 것을 만들어 나갈 시간이다. 이 창의적인 기운을 행복을 따르는 데 사용해라.
- **빨간색**: 현재 당신의 의지는 매우 강하다. 용기를 내어 믿음의

도약을 해라.

- **검은색**: 당신은 깨어 있는 삶의 단계에서 보호받고 있다. 걱정하지 마라. 사랑만이 당신을 감싸 안아 줄 것이다.

반려동물들은 나비를 통해 어떤 메시지를 보내려 하는 것일까?

그들은 나비를 통해 매우 아름다운 메시지를 전달한다. "맞아요. 내가 바로 여기 있어요. 나에게 말을 걸어 주세요. 당신이 기분이 어떤지 알려 주세요. 모두 들을 수 있어요. 당신의 슬픔을 달래기 위해 내가 바로 여기에 있어요."

저승의 장막을 가로질러, 사랑은 전부이다.

22,
잠자리

> 동물의 눈은 훌륭한 언어를 구사하는 힘을 지니고 있다.
>
> - 마틴 부버

잠자리 또한 변화를 상징한다. 그들 또한 우리 삶에 더 많은 가벼움과 기쁨을 가져다주라고 이야기한다. 그들은 삶의 변화와 적응의 지혜를 갖고 있다.

잠자리는 눈 깜빡할 사이에 나타났다 사라질 수 있다. 알록달록 색을 바꾸며 다른 세계의 시간과 포털로 쏜살같이 날아갈 수 있다. 아주 강력한 메신저인 잠자리는 신비로움과 마법 그리고 환상의 힘으로 가득 차 있다.

그들은 시간당 45마일이라는 놀라운 속도로 움직일 수 있으며, 헬리콥터같이 허공을 맴돌 수도, 벌새와 같이 뒤로 날 수도, 상하좌우로 똑바로 날 수도 있다. 더욱더 놀라운 것은 이 모든 것들을 겨우 1분에 30회 날갯짓하며 할 수 있다는 것이다.

가장 멋진 점은, 이 모든 행동을 발레리나의 우아함에 비교할 만큼 고상하게 한다는 것이다. 미쉘이 그녀의 앵무새로부터 잠자리를 신호로 받았을 때, 그녀는 잠자리의 아름다움에 감탄했다.

나의 하루는 잔디를 깎고, 잡초를 뽑고, 꽃밭에서 뿌리가 상하지 않게 뿌려 놓은 덮개를 교체하는 것으로 바빴다. 자리에 앉아 최근 세상을 떠난 나의 앵무새 두드에 대해 생각하자, 눈물이 가득 차 올랐다. 그 개구진 새가 너무나도 보고 싶었다. 두드는 떠들기를 좋아했다. 나와 함께 많은 시간을 보내며 나의 목소리, 웃음소리 그리고 말투를 마스터했다. 두드는 지금까지 그 어떤 것보다 나의 삶에 더 큰 기쁨을 가져다주었다.

슬프게도, 몇 주 전 집이 도둑맞았을 때, 두드는 침입자들 중 한 명을 향해 날아갔고, 그 침입자에게 세게 맞아 목이 부러졌다. 이 모든 것은 감시 카메라를 통해 알 수 있었다. 도둑은 사건 몇 시간 후 잡혀 체포되었다.

눈물이 내 얼굴을 뒤덮었고, 나는 계속해서 정원 전체에 뿌리 덮개를 깔았다. “두드와 내가 셀 수 없이 이 길을 걷고 또 걸었는데”라고 내가 말하자마자, 매우 밝은 녹색의 잠자리가 내 어깨에 날아와 앉았다. 잠자리는 나의 숨을 멎게 했고, 나는 두드와 그러했듯이 잠자리에게 이야기를 하기 시작했다. 그리고 행복한 두 시간 동안, 잠자리는 전혀 움직이지 않았다. 두드가 그가 나와 함께 있다는 신호를 보내 준 것이라는 데는 의심할 여지가 없다. 초록 잠자리들은 이제 내 정원 곳곳에서 보인다. 두드가 밝고 알록달록한 꽃밭에 그의 아름다운 사랑을 퍼뜨려 놓는 것을 좋아하는 것 같다.

- 벨린다 O., 앨라배마 블루 스프링스에서

저승의 반려동물이 보낸 신호인지 어떻게 알 수 있을까?

나비와 마찬가지로, 잠자리는 우리가 전혀 예상치 못한 순간에 나타난다. 산책을 하거나, 데크에 앉아 있을 때 잠자리 한 마리가 근처로 날아오거나 당신 위에 앉는다면, 절대로 쫓아내지 말아라.

그들이 자신의 모습을 드러내며 당신의 관심을 사로잡은 것은 매우 좋은 이유에서이다. 주디의 경험이 이의 좋은 사례가 되겠다. 잠자리 한 마리가 그녀의 손가락에 앉았을 때, 그녀는 이것이 그녀의 헌신적인 고양이가 보내는 메시지라는 것을 알았다.

우리의 오랜 친구 에디를 잃고 몇 달 뒤, 우리는 새로운 고양이 남매 두 마리를 가족으로 받아들였다. 그들의 이름은 제이크와 진저였다. 제이크의 모든 물건은 파란색이었고, 진저의 것들은 모두 분홍색이었다. 나의 아름다운 제이크는 7년 후 세상을 떠났다. 우리는 가슴이 무너지는 것만 같았고, 진저 또한 그러했다. 제이크가 세상을 떠난 뒤에도, 나는 그의 존재를 자주 느낄 수 있었다. 그는 침대로 뛰어 올라오곤 했고, 내가 확인 차 고개를 돌렸을 땐, 거기엔 아무것도 없었다.

시간이 흐르고, 우리는 진저의 친구가 되어 줄 수컷 고양이 한 마리를 더 입양하기로 했다. 브리더와 이야기를 나누었지만, 그녀는 우리가 원한 고양이가 이미 분양 받기로 한 주인이 있는지 없는지 확실치 않아 했다. 며칠 뒤 어머니의 날, 나는 우리 가족과 엡콧(Epcot Center, 미국 플로리다주에 있는 디즈니월드 안의 미래 도시)에서 즐거운 시간을 보내고 있었다. 걸어가고 있는데 시선이 내 손으로 향하였다. 밝은 파란빛 잠자리 한 마리가 내 손가락에 앉아 있었다. 나는 자리에 멈춰 모두에게 내 손을 보여 주며 말했다. "이거 흔치 않은 일인 걸! 이게 무슨 의미가 있는 걸지 궁금하다."

손가락 위의 잠자리가 자리를 뜨자마자, 핸드폰이 울렸다. 브리더에게서 전화가 온 것이었다. "어머니의 날 축하드립니다. 새로운 아들이 생기셨어요." 나는 곧바로 아까 그 잠자리가 제이크였단 것을 깨달았다. 그 일이 있은 뒤, 나는 종종 밝은 푸른빛의 잠자리를 우리 집 앞뜰에서 보곤 한다. 나는 그때마다 잠자리에게 인사하며, 우리가 제이크를 얼마나 사랑하는지 말한다.

- 주디 S., 플로리다 올랜도에서

잠자리는 우리에게 무엇을 가르쳐 줄 수 있을까?

잠자리는 존경받아야 할 생물이다. 그들이 전달하는 메시지는 우리가 가진 깊은 생각들을 다룬다. 그들은 우리가 갈망하는 것이 무엇인지 주의를 기울이라고 한다. 잠자리의 짧은 생은, 우리에게 순간을 살고 최대한 충실한 삶을 살라고 가르쳐 준다. 매 순간을 살면 나 자신이 누구인지, 어디에 있는지, 무엇을 하는지, 무엇을 원하고 원하지 않는지 잘 알 수 있어 이러한 정보에 기반한 선택을 곧바로 할 수 있다. 후회하지 않고 살 수 있는 것이다.

잠자리도 나비처럼 색깔에 따라 다른 개인적 메시지를 전달할 수 있다. 색깔을 통해 저승의 반려동물이 전달하고자 하는 메시지의 직접적인 의미를 이해할 수 있다. 다른 색들이 뜻하는 의미를 다시 한 번 살펴보자.

여러가지 색깔이 무엇을 상징할까?

- **흰색**: 당신은 반려동물의 영혼과 신성하게 연결되어 있다. 당신을 위해 그려진 큰 그림을 보아라.
- **보라색**: 신호가 당신 주변을 둘러싸고 있다. 직감을 믿어라. 당

신을 진실을 알고 있다.

- **파란색**: 당신의 천사의 영혼과 대화해도 괜찮다. 소통은 관계를 지속하는 데 중요한 열쇠이다. 대화해라.
- **초록색**: 이 사랑은 강렬하고, 당신을 돌봐 주고, 따뜻하다. 계속해서 신호를 찾아라. 당신의 연결은 순수하다.
- **노란색**: 당신의 마음은 당신의 가장 큰 자산이다. 새로운 시작을 써 나가라. 꿈은 정말로 이루어진다.
- **주황색**: 새로운 것을 만들어 나갈 시간이다. 이 창의적인 기운을 행복을 따르는 데 사용해라.
- **빨간색**: 현재 당신의 의지는 매우 강하다. 용기를 내어 믿음의 도약을 해라.
- **검은색**: 당신은 깨어 있는 삶의 단계에서 보호받고 있다. 걱정하지 마라. 사랑만이 당신을 감싸 안아 줄 것이다.

반려동물들은 잠자리를 통해 어떤 메시지를 보내려 하는 것일까?

그들은 잠자리를 통해 사랑이 가득한 메시지를 전달한다. "맞아요. 내가 여기 당신과 함께 있어요. 나에게 말을 걸어 주세요. 나는 아무 데도 가지 않았으니 나에게 모든 것을 이야기해 주세요. **모두 들을 수 있어요.**"

23,

하늘의 메신저

동물의 눈을 들여다보고 있자면, 동물이 보이지 않는다.
살아 있는 생명체가 보이고, 친구가 보이고,
영혼이 보인다.

- A.D. 윌리엄스

공중의 동물들, 또는 우리의 깃털이 난 친구들은 하늘의 놀라운 메신저이다. 그들의 모습은 마치 천국에서 반짝이는 다이아몬드와 같다. 저승에서 보낸 훌륭한 메시지를 받는 것에 비교할 만한 기분은 없다. 메시지를 보고 싶은 반려동물이 보냈든, 천사가 보냈든, 아니면 사랑하는 이가 보냈든, 그들의 사랑은 매한가지이다. 모두 신성하다.

천국에 가장 가까이 있는 하늘의 동물들은 육체적, 정신적 힘을 상징한다. 하늘에서 서식하는 이 신비한 생물들은 눈에는 보이지 않는 저승의 방식을 가장 잘 이해한다.

특정 종류의 새가 당신의 관심을 사로잡는다면, 의식이 깨어 있어야 한다는 뜻이다. 새들은 우리에게 희망과 이해를 제공하고, 특별한 순간에 그들의 강력한 메시지가 존재한다는 것을 알려 준다.

이 놀라운 세상에는 수백 종류의 하늘의 메신저가 존재하며, 이를 다 열거하기에는 수가 너무 많다. 몇 년 전, 나는 테드 앤드루스의

『동물이 말한다』라는 훌륭한 책을 찾았다. 동물의 상징을 믿는 이로서, 『동물이 말한다』는 내가 여태까지 영적 의미와 정의를 참조한 자료 중 단연 최고이다. 아래는 저승의 반려동물이 신호를 보내기 위해 선택할 수 있는 조류와 그들이 각각 보내는 메시지의 작은 목록이다.

- 큰어치 – 당신 안에 타고난 장엄함을 발전시킬 수 있는 시기에 들어서고 있다. 모든 일을 완수하여라. 내 신호를 찾아라. 내가 안내할 것이다.

- 닭 – 한 걸음 뒤로 물러서, 당신의 마음에 집중해라. 그리곤 영적 방향에서 당신의 상황에 접근해라. 그리고 어떠한 일이 이어져서 일어난다면, 다음 단계가 무엇인지 보아라.

- 까마귀 – 까마귀가 영혼의 메시지를 전달한다면, 그것은 확실한 확인과 다시 태어남의 상징이다. 까마귀는 과거와 현재와 미래를 동시에 살고 있다.

- 독수리 – 독수리는 강력한 힘과, 타이밍 그리고 자유를 상징한다. 이 장엄한 새의 기운을 받아들이려면 당신의 삶에 다가오는 새롭고 강력한 차원을 더 큰 책임과 영적 성장과 함께 받아들여야만 한다. 당신만의 힘을 발견할 시간이다.

- 팔콘(송골매) – 인내심을 갖고 천천히, 하지만 정확하게 해라. 행동만 취하면 기회는 바로 당신 앞에 있다. 그것이 당신 인생의 목적을 이루도록 안내할 것이다. 나의 신호를 찾아라. 내가 도울 수 있다.

- 되새 – 멈추고 들어라. 주변의 환경에 깨어 있어라. 현재에서 기쁨을 찾아라.

- 거위 – 새로운 여정이 당신을 기다리고 있다. 새로운 일이 일어날 것이다. 두 눈을 크게 뜨고 있어라.

• 매 – 매의 넓은 시야는 미래의 모습을 볼 수 있게 해 준다. 그들은 존재하는 모든 것과 함께하는 것을 의미한다. 매는 영적 세계와 소통할 수 있게 해 주는 뛰어난 메신저이다.

• 흉내지빠귀 – 자신의 노래를 부를 수 있는 기회를 찾아라. 그리고 자신만의 길을 걸어라. 당신과 당신의 삶에 가장 조화를 이루는 곡에 당신이 할 수 있는 것을 가지고 창의적인 상상력과 직감을 더해라.

• 부엉이 – 어둠은 장애물이 될 수 없다. 환상 너머를 볼 수 있는 빛이 당신 안에 충분히 있다. 당신의 직감을 믿어라.

• 공작 – 당신의 꿈과 포부를 인정해라. 이제 당신에겐 더 큰 비전과 지혜가 있다. 두드러지고 의식을 깨워라. 당신의 진정한 색이 빛나게 해라.

• 펠리컨 – 잡고 있지 말아야 할 것을 부여잡고 있는가? 당신을 붙잡고 있는 것으로부터 자유로워져라. 가장 열악한 시기에도 편안히 특별한 매 순간을 느껴라. 느긋이 긴장을 풀어라.

• 비둘기 – 시간과 안전한 집으로의 귀향을 상징하는 비둘기는 당신이 길을 잃었을 때 돌아가는 방법을 가르쳐 준다. 집은 당신의 마음이 있는 곳이다.

• 백조 – 당신은 매우 예민하다. 시간을 들여 당신 앞에 정말로 놓여 있는 것이 무엇인지 확인해라. 다른 이들이 볼 수 있도록 내면의 품위가 빛나도록 해라.

• 칠면조 – 칠면조는 영성과 어머니 지구를 존중하는 것의 오랜 역사를 지니고 있다. 칠면조가 앞에 나타난다면, 매일같이 받는 축복을 선물받은 것이다. 감사하여라.

• 딱따구리 – 자신만의 독특한 리듬과 비행을 찾아라. 자신에게 가장 잘 맞는 방식으로 가장 잘 맞는 일을 해라. 문은 활짝 열려 있다. 꿈을 좇아도 안전하다. 당신의 천사가 여정 내내 당신을 안내할 것이다.

• 콘도르 – 콘도르가 우아하고 손쉽게 날아오른다. 콘도르가 당신에게 나타난다면, 당신이 어떻게 보이는지가 아니라 어떤 일을 했는지에 인정받는다는 것이다.

저승의 신호는 충실한 반려동물의 마음 중심에서 만들어진다. 하늘의 메신저가 당신에게 닿고, 당신의 마음을 안아 준다면, 그것은 신호이다. 많은 이들이 동물의 영혼이 보내는 신호를 따르는 것이 미쳤다고 할 수 있지만, 상관없다. 실제로 중요한 것은 당신의 성장과 메시지를 받는 당신의 마음이다.

이것은 당신의, 그리고 당신만의 여정이다. 그리고 그 누구도 이것을 빼앗아 갈 순 없다. 낸시의 경험은 영적 언어를 배워 더욱더 튼튼한 관계를 만드는 좋은 사례이다.

제시는 아름다운 아기 칼리코(삼색 얼룩) 고양이로 내 인생에 찾아왔다. 그녀는 내가 다섯 마리 아기 고양이 중 반려묘를 선택해야 하는 순간, 내가 신성한 안내를 구하자 갸르릉거리며 자신을 선택하도록 했다. 그녀가 나와 함께 마지막 남은 나날들을 보내고 있다는 것이 확실해졌을 때, 나는 도대체 그녀를 보내줘야 할지, 말아야 할지(안락사를 시켜야 할지, 말지) 결정해야 하는 신의 놀이에 매우 힘들었다. 동물병원에서 돌아와, 우리 가족과 나는 거실에 앉아 그녀가 얼마나 큰 축복이었는지 이야기하고 있을 때, 아기 고양이가 우는 소리가 들렸다. 나는 계단에 고양이가 있을 거라는 확신으로 문 앞으로 달려갔다. 하지만 내가 찾은 것은 전깃줄에 지저귀며 앉아 있는 아름다운 노란 되새였다. 나는 그것이 제시가 무지개 다리를 건너 안전하게 잘 지내고 있다고 확인시켜 주는 메시지였다고 확신한다. 나는 그녀가 보내 준 신호와 나와 함께한 13년에 영원히 감사한다.

- 낸시 R., 미네소타 미니애폴리스에서

하늘의 동물들은 그들의 영적 영역에서 놀라운 메시지를 전달한다. 저승의 사랑스런 반려동물들은 우리에게 확실히 알려 준다. "나 여기 있어요. 천국에서 당신에게 입맞춤하고 있어요. 나의 에너지를 느끼고, 내가 당신의 영혼을 기운 내게 해 주세요. 내가 당신을 얼마나 사랑하는지 절대로 잊지 마세요."

24,
땅과 바다의 메신저

> 동물을 죽이는 것이 사람을 죽이는 것과 똑같이 여겨질 날이 올 것이다.
>
> - 레오나르도 다빈치

동물들은 최고의 영적 존재이다. 우리 인간은 이 사실을 오랫동안 간과해 왔다. 동물들 또한 우리 삶을 구성하는 우주적 직물이며 우리의 일부라는 사실을 받아들이면, 우리 주변과 내면에 존재하는 세상에 대해 진정으로 배워 나갈 수 있다.

동물들을 영적 가르침을 주는 메신저로 믿기 시작하면, 우리 삶에 완전히 새로운 차원이 열린다. 순간 동물들은 단순한 반려동물이나 동반자가 아닌 그 이상을 뜻하게 된다. 그들은 고대 지혜의 소유자이자, 신성한 안내의 운반자가 된다. 우리 삶의 여정에 가르침을 주고, 삶을 유지하고 자연과의 균형을 맞추기 위해 우리의 모든 수준(육체적, 정신적, 영적)을 올려 준다.

동물의 상징은 여러가지 방법으로 메시지를 전달할 수 있다. 물리적으로 길을 가다 마주칠 수 있고, 그들의 꿈을 꿀 수도 있으며, 명상 중 그들이 우리를 방문할 수도 있으며, 심지어 반려동물로 함께할 수도 있다. 우리가 매우 강한 유대감과 연결을 느끼는 토템 동물들은 우리 삶에 영향을 미칠 수 있고, 또한 실제로 영향을 미친다.

모든 동물들은 각각 다른 영적 그리고 육체적 상징을 한다는 점에서 특별하다. 그들의 소통은 사랑에서 시작되었고, 그들의 지혜는 우리가 나 자신에 대해 더 많은 것을 배울 수 있도록 돕는다. 우리 각자 자신의 삶과, 죽음 이후의 삶에 대해서는 더 많은 것들을 발견할 수 있다. 동물들의 메시지와 함께하는 삶을 살면 영적 목표를 이루는 데 큰 도움을 받을 수 있다.

동물 토템(힘의 동물, 영적 동물 또는 동물 안내자라고도 알려져 있다)과 함께하면 일관성이 눈에 띄기 시작할 것이다. 그리고 있는 그대로의 주변에 숨겨져 있는 비밀 메시지들을 이해하고 싶어질 것이며, 신호와 시그널이 어디에든 있다는 사실을 알아차릴 것이다.

동물 토템은 우리에게 무엇을 가르쳐 줄 수 있을까?

동물 토템은 영적 존재의 상징적 세계에서 지혜와 의미를 찾는 법을 가르쳐 준다. 그들의 고무적인 메시지를 받아들이는 순간, 우리가 겪고 있는 일들에 대한 놀라운 통찰력을 얻을 수 있다.

반려동물들은 동물 토템을 통해 어떤 메시지를 보내려 하는 것일까?

저승의 반려동물이 동물 토템을 우리에게 보낼 때 그들이 우리 곁에 있다는 사실을 알려 줄 뿐 아니라 우리에게 개개인 각자에 맞춰 짜인 메시지를 선사한다. 그들은 이렇게 말한다. "사랑이 당신 주위를 둘러싸고 있어요. 내가 당신을 얼마나 사랑하는지 보여 주기 위해 여기 이 상징을 보내요."

저승의 반려동물이 보낸 신호는 사랑으로 가득 차 있다. 메신저가 당신의 마음을 포옹해 주었다면, 그것이 바로 신호이다.

여기에 모두 나열하기에는 너무 많은 동물 토템이 존재한다. 다

시 한 번 상기시켜 주자면, 테드 앤드루스의 『동물이 말한다』라는 책은 소장하기 훌륭한 책이다. 하늘과 땅과 바다의 동물 신호를 믿는 사람으로서 이 책은 내가 여태까지 영적 의미와 정의를 참조한 자료 중 최고이다. 추가 정보를 조사하기 위해 사용할 수 있는 또 다른 훌륭한 참고 자료는 영혼 동물 토템이라 불리는 웹사이트다(www.spirit-animals.com).

무시해도 되는 동물 신호는 없다. 다음은 저승의 반려동물이 신호를 보낼 때 사용하는 짧은 동물 신호 목록이다. 소통 수단을 선택하는 것은 저승의 반려동물이라는 것을 유념하자.

- 악어 – 모든 지식의 수호자이며 보호자인 악어는 당신에게 지금은 인내심이 열쇠라 알려 준다. 숨을 쉬어라. 그리고 변화를 만들 시간을 가져라.
- 오소리 – 자기 표현을 개발할 수 있는 새로운 기회이다. 자신과 자신의 능력에 믿음을 가져라. 자신과 자신의 삶에 대한 새로운 이야기를 들려줘라. 자신만의 길을 자신만의 속도로 나아가라.
- 박쥐 – 변화 후 약속과 힘을 가져다주는 새로운 시작을 나타낸다. 주변의 신호(육체적, 정신적, 감정적, 영적) 신호에 주의해라. 그리고 새로운 발상과 함께 신호를 따르라.
- 곰 – 내면의 힘을 깨워라. 마음 깊숙이 당신의 여정의 중요성을 발견하고 꺼내 열기 위해 파고들어라. 인생의 달콤함을 맛봐라.
- 비버 – 절대로 포기하지 않는 것을 상징하는 비버는 위대한 예지력을 지니고 있는 진정한 선지자이다. 지금 행동을 취해 당신의 꿈을 현실로 만들어라.
- 고양이 – 당신의 직감을 믿어라. 나 자신을 믿어야 할 순간

이다. 당신은 지금 꿈을 이루기 위해 필요한 모든 것들을 삶에 갖추고 있다.

• 코요테 – 마법의 창시자이자, 가르침을 주는 자이자, 보호자인 코요테는 너무 심각해지지 말라고 말한다. 오래된 관습은 더 이상 적용되지 않고, 무엇이든 가능하다.

• 다람쥐 – 다람쥐는 일관성을 뜻한다. 영혼이 항상 우리 곁에 있다는 것을 알려 주며, 그들에게 도움과 안내를 부탁하라고 격려한다. 지금이 바로 신호를 부탁하기에 완벽한 시간이다. 마법을 믿어라.

• 사슴 – 새로운 기회가 모험의 문을 열 것이다. 자신에게 온화해지고 내면의 보물을 찾아라. 직접 행동을 취하고 길을 보여 주는 것으로 안내해라.

• 돌고래 – 새로운 삶을 들이마시고, 직감을 따르라. 그리고 새로운 경험에 마음을 열어라. 밖으로 나가 놀고 탐험하라. 시간은 다시 이렇게 흘러가지 않을 것이니, 순간을 즐겨라.

• 개 – 개의 기운은 항상 자신에게 충실하고 진실되라 말한다. 남을 돕기 위해서는 나 자신을 먼저 사랑하는 것이 중요하다.

• 코끼리 – 힘과 기운을 상징하는 코끼리는 당신의 인생을 굴러가게 하는 힘이 무엇인지 일깨워 주고, 그것을 밀고 나갈 포부를 선사한다. 가장 고대의 지혜와 힘을 활용할 준비를 해라. 코끼리들은 그들의 꿈을 나누고, 당신이 고려해 보지 않은 새로운 기회를 탐구하게 해 준다.

• 여우 – 순수한 행운의 마법을 지니고 있는 여우는 기회에서 기운을 얻는다. 어느 상이든 당신의 것이 될 수 있다. 당신 주변에 재정, 경력 또는 생활상의 어려움을 극복하게 해 줄 모든 도구와 자원

이 있다.

• 개구리 – 당신의 진정한 가치는 당신 내면에서 나오는 가치이다. 변화를 상징하는 개구리는 인내심을 갖고 깨달음을 기다리라고 말한다.

• 염소 – 새로운 시도를 시작할 때이다. 염소는 새로운 높이와 목표에 도달할 수 있게 해 주는 지식을 갖고 있다.

• 말 – 영혼이 말을 타고 세상을 출입하며, 말은 새로운 시작과 밀접하게 연결되었다. 자신의 자유와 힘을 깨우기 위해 새로운 방향으로 나아가라 하고, 새로운 여정을 가져온다.

• 사자 – 태양과 금의 상징인 사자는 새로운 기운을 일깨워 준다. 자신의 직관과 상상을 믿어라. 이것이 당신의 삶에 새로운 햇살을 드러낼 것이다. 집의 최상의 보호자인 사자는 당신에게 대담하고, 현명하고, 용감무쌍해지라고 한다.

• 원숭이 – 모두가 항상 눈에 보이는 그대로는 아니다. 여섯 번째 감각으로 진실을 찾아라.

• 돼지 – 더 이상 미루지 말고 정리하여라. 변화가 다가오고 있다.

• 토끼 – 토끼는 주변의 신호를 알아보는 법을 알려 준다. 당신의 삶에 일렁이는 움직임을 알아보게 도와주고, 당신의 세상에서 더욱더 창의적일 수 있게 해 준다.

• 라쿤 – 큰 그림을 볼 수 있게 시간을 가져라. 보이는 것과 안 보이는 것 모두. 라쿤은 당신에게 해답을 찾기 모든 방법을 놓치지 않고 사용하라고 한다.

• 스컹크 – 자아의 모습을 검사하라. 사람들이 당신을 알아보기 시작할 것이다. 말하는 대로 행동하는 것이 자신을 존중하고 믿는

유일한 방법이다. 스컹크는 강해지기 위해 방귀를 뀔 필요가 없다. 말하지 않고 당신을 보호해라.

• 뱀 – 당신의 변화는 자연스럽고 정상적인 것이다. 의도를 분명히 해라. 변화는 좋은 것이다. 당신이 안전하며 두려워할 것은 아무것도 없다는 사실을 잊지 마라.

• 청설모 – 준비에 완벽한 청설모는 항상 주위 사람들과 어울리고 놀 수 있는 시간을 내라고 한다. 인생을 더 즐기고, 너무 심각하게 받아들이지 말라고 한다.

• 호랑이 – 이 땅(지구)과 땅의 기운의 통치자인 호랑이는, 삶의 새로운 열정과 힘을 일깨운다. 새로운 모험이 나타날 것이다. 당신의 꿈과 목표를 위해 행동을 취하고, 보살핌과 고요함을 도구로 사용해라.

• 거북이 – 대지와 장수를 상징하는 거북이는 당신의 원시적 본질, 당신의 영혼과 연결되어 있으라 말한다. 당신 앞의 풍요로움을 알아보고, 시간을 갖고 흐름이 당신을 거스르지 않고 같은 방향으로 나아가도록 해라. 올바른 태도로 적절한 시간에 다가가기만 한다면, 당신이 필요한 모든 것들은 얻을 수 있다. 천천히 그리고 꾸준히 해야만 경주를 이길 수 있다.

• 고래 – 창조의 고대 상징인 고래는(육체나 세상을 창조) 우리 영혼의 목적을 존중하라 말한다. 당신이 알고 있는 당신의 운명을 만들어라. 미지의 것을 받아들여라.

• 늑대 – 자유의 영혼을 상징하는 늑대는 새로운 길을 따라 새로운 여정을 시작하라 말한다. 당신은 항상 안전하고 보호받고 있다. 당신의 삶의 주인은 당신 자신이니, 그것을 만들면 그것은 당신

의 것이다.

저승의 반려동물이 보낸 신호는 사랑으로 가득 차 있다. 메신저가 당신의 마음을 안아 주었다면, 그것이 바로 신호이다.

제4장

당신의 영혼을 위하여

25,

구하라, 그리하면 너희에게 주실 것이요

세상에서 가장 귀하고 아름다운 것은 눈으로 보거나 손으로 만질 수 있는 것이 아니다. 그것은 가슴으로 느껴야만 하는 것들이다.

- 헬렌 켈러

가던 길을 멈추고, 왜 이런 일이 일어났는지 질문하게 만드는 무언가가 있다면, 그것이 바로 저승의 반려동물이 보낸 신호일 수 있다. 그게 무엇이 되었든 그냥 보내지 말아라. 우리 중 대부분은 우리가 느끼거나, 감지하거나, 듣는 것이 아닌 두 눈으로 보는 것만을 믿도록 가르쳐졌다. 영혼이 보이지 않는다고 해서 그들이 우리와 함께 있지 않는 것은 아니다. 저승의 아름다움을 놓치고 마는 가장 큰 이유 중 하나는, 저승의 사랑하는 이들이 나누는 선물을 믿지 못하는 우리의 무능함 때문이다. 이것은 더 이상 비밀이 아니다. 우리의 축복받은 반려동물들은 정말로 우리와 소통하고 싶어 한다.

모두에게 맞는 하나의 신호는 **없다**. 우리가 생각할 수 있다면, 그들 또한 생각할 수 있다. 저승의 반려동물이 반복해서 보내는 신호가 있다면, 그것은 그들이 당신에게 연락하는 방법이다. 당신이 기억해야 할 단 한 가지는 그것이 당신의 신호이며, 당신에게만 속한다는 것이다. 모린의 이야기는 새로운 언어를 습득하여 더 강한 연결을 만

드는 것의 훌륭한 예시이다. 그녀의 반려견 챈스는 그들의 놀라운 사랑을 확인시켜 준다.

주말 동안 자연 휴양지에서, 나와 내 친구들은 금속 탐지기로 주변을 탐색하러 베이커 강에 갔다. 내가 이끌리듯 간 한 지점에서, 우리는 목줄의 끝이 녹슨 걸쇠를 찾았다. 우리는 그 조각을 무어라 불러야 할지 적절한 단어를 찾지 못했고, 언덕을 따라 10피트 정도 더 땅을 팠다. 이번엔 세인트 버나드 모양의 녹슨 주철 저금통을 찾았다. 내 친구는 우리가 찾은 두 물건이 내가 새로운 반려견을 입양해야 하는 신호라고 했다. 나는 최근에 내 인생의 사랑, 나의 핏불테리어 챈스를 잃은 상태였다. 우리는 함께 놀라운 15년을 보냈다.

다음 날 아침, 우리의 첫 임무는, 주말 동안 우리가 경험한 일들을 조용히 생각해 보는 것이었다. 나는 이 기회를 통해 챈스에게 채널링(다른 차원의 존재들 사이에서 이루어지는 일종의 상호 영적 교신 현상)해 보기로 했다. 그녀의 메시지는 놀라웠다. "줄을 놓아 주세요. 클립을 풀고 줄을 놓아 주세요." 나는 그녀가 걸쇠 조각을 클립이라고 일컫는 것이 흥미로웠다. 그것은 나에게 굉장히 감정적인 경험이었다. 하지만 나는 그녀가 옳다는 것을 알았다. 나는 그녀를 보내 주고, 새로운 사랑을 찾도록 해야 했다. 그녀가 세상을 떠난 지 일주년이 빠르게 다가오고 있었으며, 나는 그녀가 너무도 그리웠다.

우리는 즉시 미국 복지 사회 동물 보호소 웹사이트를 찾았다. 그리고 8살짜리 화이트 셰퍼드 미아의 사진을 찾았다.

미아는 침착하고 사랑스러운 온화한 거인이었다. 보호소에 있는 누군가는 그녀를 우아하다 묘사했고, 나는 불과 몇 초 만에 그녀와 사

랑에 빠져 그녀를 입양하기로 결정했다. 집으로 돌아오는 길에, 친구는 나에게 그녀의 이름을 바꿀 것이냐고 물었다. 나는 내가 56살이었고, 누군가가 내 이름을 바꾸려 한다면 기분이 나빴을 것이라고 했다. 그리고 바로 그 순간, 번호표에 'YESIREE(yesiree는 yes보다 더 열광적이게 동의를 하는 일상 회화어다)라고 적힌 자동차가 지나갔다. 동의의 뜻이었다. 하지만 최고의 승인은 미아가 반려동물 추모일(죽은 반려동물을 추모하는 날)에 입양되었다는 것이다. 내 삶에 그녀의 존재를 예우하기 위해 알맞은 타이밍이었다. 나는 굉장히 축복받았다.

- 모린 M., 메인 위드햄에서

저승의 반려동물에게 메시지를 보내 달라고 해도 좋다. 특히나 당신이 지금 막 영적 언어를 배우기 시작했다면 말이다. 자신감을 얻기 위해, 그들에게 특정 신호를 보내 달라고 할 수 있다. 이것은 그들이 우리와 함께 한다는 것은 이해하는 데 도움이 될 뿐만 아니라, 어떠한 것을 신호로 받아들이고 무엇을 의식해야 하는지 배우는 데 도움이 된다.

처음에는 간단한 것을 요청하는 것이 좋다. 예를 들어 특별한 노래나 빛나는 페니, 야생 사슴, 하얀 나비, 녹색 지프차와 같이 우리가 원하는 무엇이든 신호로 보내 달라고 해도 좋다. 원하는 신호를 선택했다면 밖으로 나가 하늘을 봐라. 그리고 저승의 반려동물에게 그들과 우리 자신을 위해 선택한 신호는 무엇인지 알려 주고 이런 말을 하면 된다. "네가 나에게 신호를 보내면, 신호와 너 모두, 꼭 알아볼 것을 약속할게."

TV, 지나가던 광고판, 인터넷, 잡지, 티셔츠 등, 신호가 어디에서 어떻게 나타나든, **그것은 당신의 신호이다.** 그리고 우리가 이제 반려동물의 언어, 영적 언어를 한다는 사실에 큰 감사를 표하면 된다. 그런 다음 처음부터 다시 반복해라. 신호를 요청하고 그것이 전달되었을 때 믿는 것은, 어두운 슬픔에서 헤어 나오는 데 큰 도움이 된다. 신호는 어떤 식으로든 빼앗길 수 없고, 우리의 반려동물이 물리적 육체를 떠났다고 해서 그들이 저세상에서도 우리를 사랑하는 것을 멈췄다는 것은 아니라는 사실을 이해하는 데 도움을 준다.

우리는 다시 만날 것이고, 그 시간이 오면 그것은 매우 웅장하고 특별한 재회가 될 것이다. 그때까지는, 반려동물의 영혼과 관계를 지속해 나가는 것은 매우 정상적인 일이다. 앤젤라의 메시지를 예로 들어 보자. 한 신호가 다음 신호로, 그리고 다음 신호로 이어질 수 있다는 것은 굉장히 놀라운 일이다. 앤젤라의 임무는 그 모든 조각을 모으는 것이었다.

나의 잘생긴 로데시안 릿지백 윈스톤은 내 인생의 사랑이었다. 그가 세상을 떠나고, 친구가 나에게 론다 번의 『시크릿』이라는 책을 추천했다. 그녀는 내가 영혼이 어떻게 계속해서 살아가는지, 그리고 모든 것이 어떻게 에너지로 만들어져 있는지 이해하길 바랐다.

그 후 나는 린 래이건의 『일어나! 칩의 저승이 나를 나 자신으로부터 구해 준 방법』이라는 책을 발견했다. 그녀는 책에서 그녀가 모든 시간을 사후 세계, 저승에 대해 배우는 데 쓰고 있다고 했다. 나는 그것이 바로 지금 내가 하고 있는 일이기에 미소 지었다.

점심 시간 동안, 나는 차를 끌고 시내로 나가 끌어당김의 법칙(간절히 원하는 것은 이루어진다는 책 『시크릿』에서 나오는 법칙)을 연습하며 주차 공

간을 빌었다. 효과가 있었다. 나는 큰 주차 공간을 찾았고, 바로 주차하였다. 주차표 발권기에서 걸어 나오며 나는 얼어 버렸다. 내가 차를 주차한 장소는 바로 '비밀(시크릿) 치료실'이라 쓰인 건물이었기 때문이다. 나는 곧바로 책『시크릿』을 떠올렸다. 이는 나에게 새로운 것이었지만, 그것은 분명히 신호였다.

그런 다음 나는 다양한 상점을 돌아다녔다. 그중 하나는 채리티숍(기증받은 물품을 팔아 자선기금을 모으는 중고품 가게)이었다. 거기서 있는 책들 중, 단 한 권의 책만이 표지가 보이도록 돌려져 있었는데, 제목이『더 큰 사랑은 없다』였다. 나머지 책들은 모두 등을 돌리고 있었다. 그 책에서 두 권 떨어진 곳에, 또 다른 책이 눈에 들어왔다.『최고의 자신』.

이쯤 되니 이 모든 것들이 나의 멋진 아이, 윈스톤이 보낸 신호라는 것을 알았다. 그는 조용히 나를 안내하며 단 한 가지만을 바라고 있었다. 그가 보내는 신성한 사랑을 믿고, 신뢰하고, 받으라고.

- 앤젤라 T., 노스 요크셔 해러게이트에서

모두에게 맞는 단 하나의 신호는 없다. 신호를 보내 달라 요청해도 괜찮다. 구하라. 그리하면 너희에게 주실 것이요.

믿고, 신뢰하고, 받아라.

감사의 말

사랑하는 반려동물과 멋진 사후 경험을 감사하게도 나눠 주신 아래의 모든 분들께 큰 감사를 드립니다. 말리 B., 리키 F,, 테레사 C., 자넷 M., 헬렌 B., 주디 S., 레지나 B., 페니 W., 다이앤 B., 베티 B., 린다 W., 도로시 L., 낸시 S., 레이첼 G., 드니즈 O., 베키 N., 맥 B., 멜리사 P., 로빈 T., 샌디 R., 벨린다 O., 린 P., 파멜라 K., 안젤라 T., 낸시 R., 마릴린 B., 써니 W., 돈나 J., 마티 T., 린다 M., 이셀 B., 로라 P., 미시 R., 리자 M., 킴 W., 니콜 B., 제이크 E., 앤 F., 딕시 M., 페이지 D., 블랜디 M., 모니카 D., 티나 C., 베티제인 H., 비벌리 W., 멜린다 O., 주디 S., 그리고 모린 M. 당신들과 당신들의 털복숭이 아이들이 없었다면 이 책은 완성될 수 없었을 것입니다. 평생 감사드립니다.

나의 편집자이자 친구인 말리 깁슨 번즈, 그녀의 놀라운 재능과 아름다운 마음에 큰 감사를 드립니다. 살아 있는 나의 모든 가족들과 저세상에 있는 나의 가족과 소중한 친구들에게도 나를 사랑해 주신 것에 감사를 드립니다. 나의 천사들과 안내자들에게, 나는 당신들의 사랑에 영원히 중독되어 있습니다. 그리고 내 마음을 가진 한 사람, 칩 오네이, 당신의 놀라운 지도와 무조건적인 사랑은 우리 둘보다 위대합니다.

참고문헌

1. *Animal-Speak: The Spiritual & Magical Powers of Creatures Great & Small*, by Ted Andrews.
2. *Signs From The Afterlife: Identifying Gifts From The Other Side*, by Author, Lyn Ragan
3. Joanne Walmsley, creator of: *sacredscribesangelnumbers.blogspot.com*
4. *Angel Numbers 101: The Meaning of 111, 123, 444, and Other Number Sequences*, by Doreen Virtue.
5. *Spirit Animal Totems and The Messages They Bring You;* www.spirit-animals.com.
6. *Spirit Animal – The Ultimate Guide;* www.spiritanimal.info
7. *Learn About Nature* at www.learnaboutnature.com
8. Pure Spirit at www.pure-spirit.com
9. Brent Atwater, Author, *Animal Reincarnation: Everything You Always Wanted to Know*
10. Quotes by, Anthony Douglas Williams – *Inside the Divine Pattern.*

저자 소개

린 래이건은 14살 때 그녀가 언젠가 책을 한 권 쓸 것이라는 것을 알았습니다. 그녀는 진짜 범죄와 진짜 탐정을 구독했었는데 쓰지도 않을 소설책을 구성하면서 잡지를 매회 충실히 읽었습니다. 25년 후, 그녀는 평생의 사랑을 만났고 그녀가 현실의 범죄에 연루될 것이라고 생각하지는 않았습니다. 그녀의 약혼자가 살해당하고, 그녀는 ADC(사후 소통)의 방법으로 약혼자의 안내를 따랐습니다. 저승에서 칩은 그녀가 그들의 이야기를 써야 한다고 했습니다. 슬픔과 거기 더해진 반감에 시달린 후에야 그녀는 마지못해 받아들이고 그들의 첫 번째 책인 『나를 깨워라!』와 『사랑과 사후』 두 권을 썼습니다. 그녀가 첫 번째 소설을 쓰는 중 린은 영적 예술과 에너지 작업을 소개 받았습니다. 그녀는 충실히 명상을 추구했고 레이키 치료, 오오라 에너지와 차크라 균형에 대해 공부를 계속하였습니다. 후에 그녀가 공부한 것을 사용하여 전문적인 오오라 사진작가, 성직자, 어린이책 작가, 출판업자가 되었고 후에 세 번째 책인 『사후의 표시들』을 씁니다. 린은 칩과의 사후 소통을 나누는 것을 즐기고 그들의 이야기가 죽은 사랑하는 사람들과의 계속적인 관계에 대해 설명해 줄 수 있기를 희망합니다. 그녀는 애틀랜타에서 반려동물인 스쿠비, 치퍼, 더스티와 스쿠터와 함께 살고 있습니다.

린은 인터넷 www.LynRagan.com과 페이스북에서 SignsFromPetsInTheAfterlife를 검색하면 찾을 수 있습니다.

역자 약력

최경선

[반려동물 산업 경력]

1995 애견센터 관리실장 역임(경북 구미)
1997 애견연맹 도그쇼 출전(JUNIOR 3석)
1998 애견연맹 도그쇼 출전(ADULT 1석)
2004 구미 K-9 홈페이지 제작 및 운영(상표 및 저작권 등록)
2005 핸들러 교본 편집
2006 전주 통합 챔피언 백산 자견(브리딩 & 핸들링)
2009 엣지 애견(펫샵 설립 및 경영)(서울 영등포)
2010 엣지 애견 1호점 사이트 운영 및 펫샵 관리(서울 영등포)
2011 엣지독 코리아(펫샵 설립 및 경영) 공동대표(목동점, 부천점)
2014~2015 애니멀매거진 마케팅 본부장
2016 한국애견연맹 3등 훈련사 자격취득
2016~2017 바이럴 인사이드㈜ 대표
2012~현재 Daum(강사모), Naver 반려동물 채널 카페지기 대표
2016~현재 반려동물뉴스(CABN) 발행인
2017~현재 펫아시아뉴스(PetAsiaNews) 발행인

[IT 산업 경력]

2002~2006 삼성SDS(삼성그룹 시스템 Infra 담당)/구미서비스 1팀(with Sysgate)
2006~2008 동부CNI(동부증권 시스템 Infra 담당)
2009~2011 다우기술(키움증권 시스템 Infra 담당)
2012~2015 한국 EMC(Project Manager)
2017~현재 KB국민카드 IT본부 선임차장

[강사 및 심사위원]

2014 프로젝트(PMP) 코칭강사
2015 프로젝트 경영학회 심사위원
　　(2015 대학생 프로젝트 경진대회 심사위원)
2016 서일대학교 인터넷정보과 겸임 교수
　　서울경희직업전문대학 펫매니저 마케팅 겸임 교수
2017~현재 서울호서예술실용전문학교 애완 동물계열 특임 교수

[학력]

2006 국립 금오공과대학원 컴퓨터공학 석사 취득
2019 국민대학교 BIT전문대학원 경영정보학 박사 취득

[저서 및 논문]

빅데이터로 보는 반려동물 산업과 미래(박영사)(2019)
실무에 바로 활용하는 프로젝트 관리 템플릿(노드미디어)(공저)
「빅데이터 분석을 통한 반려동물 O2O 비즈니스 플랫폼 구축」(2015)
「소비자 트렌드 분석을 통한 반려동물 O2O 비즈니스 커뮤니티 플랫폼」(2016)
「개인적 · 사회적 요인을 고려한 가상 공동체에서의 지식 공유 모형」(2019)

Signs from Pets In the Afterlife by Lyn Ragan
Copyright © 2015 by Lyn Ragan
Book and Cover Design by Lynn M. Oney
Cover Photo © Denise Purrington, All Dogs Go To Heaven
Korean translation rights © [2020] PYMATE
Korean translation rights are arranged with the author through AMO Agency Korea
All rights reserved
이 책의 한국어판 저작권은 AMO 에이전시를 통해 저작권자와 독점 계약한 피와이메이트에 있습니다.
저작권법에 의해 한국 내에서 보호를 받는 저작물이므로 무단 전재와 무단 복제를 금합니다.

펫로스 – 하늘나라에서 반려동물이 보낸 신호

초판발행 2020년 1월 15일
중판발행 2023년 7월 25일

지은이 Lyn Ragan
옮긴이 최경선
펴낸이 노 현

편 집 황정원
기획/마케팅 김한유
디자인 BEN STORY
제 작 고철민·조영환

펴낸곳 (주) 피와이메이트
서울특별시 금천구 가산디지털2로 53 한라시그마밸리 210호(가산동)
등록 2014. 2. 12. 제2018-000080호
전 화 02)733-6771
f a x 02)736-4818
e-mail pys@pybook.co.kr
homepage www.pybook.co.kr
ISBN 979-11-90151-99-3 03490

*파본은 구입하신 곳에서 교환해 드립니다. 본서의 무단복제행위를 금합니다.

정 가 12,000원

박영스토리는 박영사와 함께하는 브랜드입니다.